U0195693

The Belt and Road

中国土木工程学会
中国建筑业协会　　联合策划
中国施工企业管理协会

"一带一路"上的中国建造丛书
China-built Projects along the Belt and Road

白色长龙中国线
——新加坡轨道交通大士西延长线

The Long Way as Chinese White Dragon:
Singapore Mass Rapid Transit (MRT) Tuas West Extention Project

杨汉国　吴占瑞　唐达昆　主编

中国建筑工业出版社

本书编委会

主　编：杨汉国　吴占瑞　唐达昆

副主编：王　鹏　杨滢涛　张　健　李兴伟　李院龙

编　委：胡　勇　聂　奎　邢宏龙　黄清证　李为平

前 言

桥梁节段预制拼装工法至今已有70多年历史，其背景乃第二次世界大战后，法国在1945～1948年首次采用预制节段施工法进行预应力混凝土桥梁施工，并第一次采用了节段密接匹配预制法，在节段的结合面设置了剪力键。1962年法国改进了节段剪力键构造、密接匹配预制及拼装工艺，并从法国推广到了全世界。

随着预应力技术的发展及成熟，1980年竣工、由Jean Muller设计的美国Long Key桥，是美国第一座采用预制节段逐跨拼装施工的体外预应力混凝土桥梁，也是新一代的体外预应力混凝土桥梁。之后，结合体外预应力技术和先进架桥设备的标准化预制节段拼装施工方法在全世界得到了发展。其中泰国曼谷的BBBE高速公路，加拿大岛屿Prince Edward Island间唯一的联络信道Confederation Bridge等，都是节段预制拼装工法的典例。

节段预制拼装工法在中国起步较晚，早期仅在中国香港、上海、北京、广州等城市的部分桥梁建设中有所应用，近年来开始在其他城市推广。

近年来新加坡大力发展装配式建筑，并取得了重大进展，对于预制拼装技术的使用日趋成熟，其建筑工业化生产方式在生产效率、资源和能源节约以及环境保护等方面的建设经验更值得我国发展装配式建筑所借鉴。

新加坡是中铁十一局集团有限公司第一个进驻的发达国家，目前中铁十一局在该国从事项目建设、经营已有十余年，积累和总结了新加坡的主要建造技术和管理经验，以本丛书的编写为平台，以新加坡轨道交通大士西延长线为依托工程，围绕节段预制拼装关键技术，从当地人文环境、项目概况、施工组织管理、海外管理经验、重大核心技术等多方面展开较为详尽的介绍和分享，以期能够给读者，尤其在海外从事工程建设的国内技术管理人员提供借鉴和指导。

本丛书在编写过程中，得到了中铁十一局集团新加坡分公司、中国建筑工业出版社的大力支持，谨此一并表示感谢！

本丛书定位为从事海外项目的技术、经济管理人员使用的参考书籍，也可供国内外从事预制组拼技术施工桥梁的技术人员或高校在校师生学习和借鉴。

由于编者水平有限，错误在所难免，敬请读者批评指正。

Preface

Bridge section prefabricated assembly method has a history of more than 70 years, when France in 1945 ~ 1948 for the first time to use this method for prestressed concrete bridge construction after the Second World War.The dense matching prefabrication method was first to be used in the bridge section,where the shear key was set on the joint surface.The France improved the section shear key structure, close matching prefabrication and assembly process in 1962, then from France to the world.

With the development and maturity of prestress technology, the Long Key Bridge in the United States, which was completed in 1980 and designed by Jean Muller, is the first extracorporeal prestressed concrete bridge in the United States to use prefabricated segments to assemble step by step, and it is also a new generation of extracorporeal prestressed concrete bridges. Since then, standardized prefabricated section assembly construction methods that combine in vitro prestress technology and advanced bridging equipment have been developed worldwide. Among them, the BBBE Expressway in Bangkok, Thailand, and the Confederation Bridge, the only contact channel between the Canadian island of Prince Edward Island, are all examples of section prefabricated assemblers.

Section prefabricated assembly method was used lately in China, and only applied in some bridge construction in Hong Kong, Shanghai, Beijing, Guangzhou and other regions in the early days, and began to be promoted in other cities in these years.

In recent years, Singapore has vigorously developed prefabricated buildings, and has made significant progress.The use of prefabricated assembly technology is becoming more and more mature, and the construction experience in terms of production efficiency, resource and energy conservation and environmental protection in its industrial production mode is more worthy of reference for the development of prefabricated buildings in China.

The China Railway 11th Bureau Group Co., Ltd has stationed in Singapore, the first developed country,for project construction and operation for more than ten years. This company has accumulated and summarized the main construction technology and management experience of the country.

Relying on the Singapore Tuas West Extension Line, focusing on the key technologies of section prefabrication assembly method, This book will introduce the local cultural environment, project overview, construction organization management, overseas management experience, major core technologies and other aspects of the more detailed introduction and sharing, in order to be able to provide readers with reference and guidance.

In the process of compiling this book, we have received strong support from China Railway 11th Bureau Group Singapore Branch and China Architecture Building Press. I would like to express my thanks!

This book is positioned as a reference book for technical and economic management personnel engaged in overseas projects, and can also be used for reference by technical personnel engaged in prefabricated bridge construction technology at home and abroad or teachers and students in colleges and universities.

Due to the limited level of editors, readers are invited to criticize and correct the errors in the book.

目 录

Contents

第一篇

综　述

本篇主要从项目基本情况简介、所在国家的主要概况以及项目建设意义等方面展开介绍，包括项目的性质、规模，所在国家的经济、文化、宗教信仰以及项目建成后对本地的发展所作的贡献等进行全面分析，从整体上给出全书的背景知识。

This part has mainly introduced the basic country profile, project situation ,the construction significance and other aspects, including comprehensive analysis of the nature of the project scale, the country's economic culture and religious beliefs, and the contribution to the development of the local after the completion of the project. This part has given the background knowledge of the whole book.

Part I

Overview

第一章　项目简介
Chapter 1　Project Introduction

一、工程简介

新加坡轨道交通大士西延长线工程位于新加坡西海岸，是连接裕廊区和大士工业区的重要交通干线，是促进大士区发展的重要基础设施。线路全长10.6km，设计速度90km/h。工程由4座轨道高架车站、2.2km公轨双用高架桥、4.6km轨道高架桥、4.8km公路高架桥组成。项目总投资6.98亿新元（约合34.18亿人民币）。工程于2011年11月18日开工，2016年10月30日通过竣工验收，2017年2月8日公路高架通车，同年6月18日轨道通车运营。

二、参建单位

建设单位：新加坡陆路交通管理局（Land Transport Authority）

设计单位：AECOM SINGAPORE PTE LTD

监理单位：TRITECH CONSULATANT PTE LTD

承建单位：中铁十一局集团有限公司

参建单位：中铁十一局集团桥梁有限公司

中铁十一局集团第六工程有限公司

中铁十一局集团建筑安装工程有限公司

中铁十一局集团第五工程有限公司

中铁十一局集团第三工程有限公司

中铁十一局集团第四工程有限公司

竣工验收单位：新加坡陆路交通管理局、新加坡政府公共设施、环保及运营等相关部门。

三、工程主要功能和用途

新加坡轨道交通大士西延长线项目是新加坡大士西区域首条轨道工程，公路高架减缓了大士片区的长期拥堵局面，是新加坡大士西区域重要的交通枢纽。

四、工程主要特（难）点

（一）多国标准结合，全面二次深化设计

项目设计采用新加坡标准与欧洲标准相结合的方式，设计院仅提供设计概念，其深度仅相当于国内的初步设计，远不能达到施工需求。如节段梁预应力体系包含悬臂预应力、永久预应力、未来预应力及临时预应力，进行二次设计时必须充分考虑模型的通用性和预应力管道坐标及角度的准确性，设计工作工期紧、任务重。

（二）干道复杂环境，双层高架倒序施工

本工程位于化工港口及工业交叉区，全线位于城市既有道路中央，线路经过约35家工厂区、6处十字路口。场地条件苛刻，交通环境复杂，既有公路主干线繁忙，城市安全环境要求高，施工多集中在夜晚，并需要进行多次改道封路以减少对交通影响，施工组织要求极高。

桥梁高架设计自上而下为：铁路轨道交通、公路道路交通、地面道路交通，但按施工整体要求，上层铁路工程要求完成时间远早于中间层公路工程时间。故此项目采用先施工公路盖梁中段，进而顺序施工上层铁路墩柱、盖梁、节段梁等，铁路高架成型后再依次施工公路高架盖梁边段、节段梁等。倒序施工形成作业空间限制、立体交叉作业等环境，加大了项目施工组织难度。图1-1为既有线周边施工环境情况。

图1-1　既有线施工环境

（三）罕见断面深桩，大型机械交替作业

方桩截面尺寸有1.5m×2.8m、1.2m×2.8m、0.9m×2.8m等几种，设计桩长30～60m不等，共有374根。该结构在国内设计施工较少，在复杂地质条件下需采用挖机、铣槽机交替作业，且所需设备巨大。图1-2为大型铣槽机作业。

图1-2 大型铣槽机作业

（四）盖梁芯壳分离，创造国际领先技术

图1-3 公路盖梁壳体拼装施工

公路高架桥盖梁采用的主要技术为采用芯壳分离施工，即外侧壳体+内侧浇筑混凝土+永久预应力钢绞线结构。需要在预制场内分别预制三个永久壳模、吊装中间壳模并浇筑实心混凝土、吊装边模并浇筑混凝土连接中边节段并分三批次张拉永久预应力最终形成预应力盖梁结构；混凝土壳模预制、芯部浇筑、吊装、预应力分次张拉，基本历经全过程施工，单个工序施工复杂，风险高。该结构形式在国内外尚属首例，无施工经验可借鉴。图1-3为公路盖梁壳体拼装施工。

（五）装配组拼结构，引领绿色环保施工

项目充分发挥“绿色环保、节能创效”的施工理念，大力推行工厂化、构件化装配式施工做法，先后在整孔铁路梁分段预制拼装、（非）对称悬拼公路节段梁成型，公路盖梁芯壳分离横向分段预制拼装，桥面挡墙、车站分隔墙预制拼装等方面采用装配式施工技术。该技术的应用，不仅使工厂化占地面积小、施工质量可控，且达到对既有道路干扰少、工程效率大幅提高的目的。装配组拼结构中，巨型盖梁芯壳预制及架设技术、公路节段梁非对称假悬挑架设技术等国内外均十分罕见，在技术上具有重大突破。图1-4为预制节段与盖梁同一标高成桥施工。

图1-4 预制节段与盖梁同一标高成桥施工

第二章　国家概况

Chapter 2　Country Profile

一、国家位置、面积及环境

新加坡共和国（The Republic of Singapore），国土面积约为728km^2，属热带城市国家；位于马来半岛南端、马六甲海峡出入口，北隔柔佛海峡与马来西亚相邻，南隔新加坡海峡与印度尼西亚相望；由新加坡岛及附近63个小岛组成，其中新加坡岛占全国面积的88.5%；属热带海洋性气候，常年高温潮湿多雨；年平均气温24～32℃，日平均气温26.8℃，年平均降水量2345mm，年平均湿度84.3%。

二、国家人口、语言及宗教信仰

国家总人口570万（2020年6月），公民和永久居民403万。华人占74%左右，其余为马来人、印度人和其他种族。国语为马来语，其官方语言英语、华语、马来语、泰米尔语；英语为行政用语；主要信奉佛教、道教、伊斯兰教、基督教和印度教。

三、国家经济情况

新加坡属外贸驱动型经济，经济曾长期高速增长，1960～1984年间GDP年均增长9%。1997年受到亚洲金融危机冲击，但并不严重。2001年受全球经济放缓影响，经济出现2%的负增长，陷入独立之后最严重衰退。为刺激经济发展，政府提出“打造新的新加坡”，努力向知识经济转型，并成立经济重组委员会，全面检讨经济发展政策，积极与世界主要经济体商签自由贸易协定。2008年受国际金融危机影响，金融、贸易、制造、旅游等多个产业遭到冲击。新加坡政府采取积极应对措施，加强金融市场监管，努力维护金融市场稳定，提升投资者信心并降低通胀率，并推出新一轮刺激经济政策。2010年经济增长14.5%。2011年，受欧债危机负面影响，经济增长再度放缓。2012年至2016年经济增长率介于1%～2%之间。2017年2月，新加坡“未来经济委员会”发布未来十年经济发展战略，提出经济年均增长2%至3%、实现包容发展、建设充满机遇的国家等目标，并制定深入拓展国际联系、推动并落实产业转型蓝图、打造互联互通城市等七大发展战略。2017年、2018年、2019年经济增长率分别达到3.5%、3.2%、0.8%。2020年至2021年受新冠肺炎疫情影响，经济衰退现象明显。

四、建筑资源情况

水电气：新加坡自然资源短缺，部分水、气资源需要从国外进口，电为燃油发电，电价与国际油价波动密切相关。

钢材、水泥、砂石料等建筑材料均需从国外进口，但本地有售。

五、工程建设管理体系

新加坡工程建设管理一般做法是业主将工程项目委托给工程咨询公司来进行项目可行性研究、建筑结构设计、施工招标、施工监理、竣工验收，施工则是采取公开招标方式，发包给承包商。

不过，近几年新加坡也开始采取设计、施工一体化的做法，把设计和施工打包交给施工企业总承包即D&B实施模式。

第三章　项目意义

Chapter 3　Significance of the Project

2013年，中国和新加坡的经贸合作迈上新的台阶。统计显示，2013年中国超过马来西亚成为新加坡最大贸易伙伴；新加坡也成为中国最大的投资来源国。同时，中新两国在建筑工程承包邻域的合作也呈现蓬勃发展态势。数据显示，2013年，中资建工类企业在新加坡获得的合同总额同比增长达86%，在新加坡市场名列前十。

沿着新加坡大士区一路向西，直接接近马来西亚新山，就可以看到这条长7.5km的城铁高架轨道也被称为“中国线”——项目主体工程由两家中国公司承建，即连接市内和大士工业区的大士西延长线。

大士西延长线是新加坡当时在建的4条铁路线路之一，根据新加坡路交局发布的陆路交通总规划，2030年前将开工并建成6条线路。届时，新加坡轨道交通总里程将达到360km。在这个宏伟目标背后，中资建工企业扮演的角色也愈加重要。

中国驻新加坡大使馆经济商务参赞处公使衔参赞郑超曾表示，自20世纪末开始涉足新加坡地铁项目建设以来，经过20年的拼搏，中国企业已经成为占据四分之一市场份额的重要力量。

在新加坡这个高度成熟和发达的市场上，中国企业凭借自己的努力，在与国际知名同行的同台竞技中脱颖而出。中铁十一局集团有限公司在继新加坡大士西延长线之后，2019年底又先后中标新加坡裕廊区域线J101和J105设计施工总承包项目，合同总额约50亿元人民币，成为新加坡整个裕廊区域线城市轨道项目中标合同额最大的设计施工总承包商。

第二篇

项目建设

本篇主要从项目工程施工概况、设计概况、施工部署、主要管理控制措施、形成的关键技术等方面进行较为详细的论述和总结，同时对于新加坡国家的管理流程和工艺工法进行了介绍，从而掌握和熟悉新加坡和中国的施工管理的差异性，便于做好提前准备及过程管理工作。

This part has mainly discussed and summarized the construction and design overview, construction deployment, management control measures and key technologies. At the same time,it also has introduced the management process and method statement of the Singapore. From that we can grasp and familiarize with the differences in construction management in Singapore and China, so as to prepare in advance and manage the process work.

Part II

Project Construction

第四章 工程概况

Chapter 4 Engineering Situation

新加坡轨道交通大士西延长线（Tuas West Extension）是新加坡轨道交通东西线的延长线，自原东西线EW29 裕群车站起，终点站为EW33 大士连路站。中铁十一局新加坡分公司施工段包括EW31大士湾站，EW32 大士西站和EW33大士连路站的三站两区间，分为C1686和C1687两个标段。两标段于2011年11月开工建设，2018年6月18日启用，为到裕廊和大士工业区工作的民众，提供更快捷的交通服务，每天运载的乘客达10万人次，形成了良好的社会效益。

本章主要内容包括工程建设组织模式，参建单位主要概况，设计概况，当地生产资源概况，施工场地周围环境、水文地质等概况，工程建设主要内容和项目特点、重难点分析。

第一节 工程建设组织模式

Section 1 Construction Organizational Model

本项目属于施工总承包合同，业主主导项目管理的全过程，所聘请的设计咨询单位负责工程的概念设计，并对总包提交的施工图进行审核；监理协助业主，对工程质量及安全进行管理。另外，总包需要聘请第三方咨询针对施工顺序和施工荷载对永久结构的影响进行检算。整个工程的外部环境沉降监测由业主负责。

一、新加坡业主（LTA）组织结构及职责

大士西延长线项目部负责大士西延长线项目的管理和工程建设。项目高层由一名项目总监、三名副总监，五名高级项目经理组成，负责项目土建和机电的工作。项目部下设有行政管理部、公共关系部、计划部、技术部、施工部等部门以及若干名现场管理人员，负责施工现场的管理。各部门由高级工程师、工程师等组成，负责不同标段的施工管理（图4-1）。

主要管理人员职责如表4-1所示：

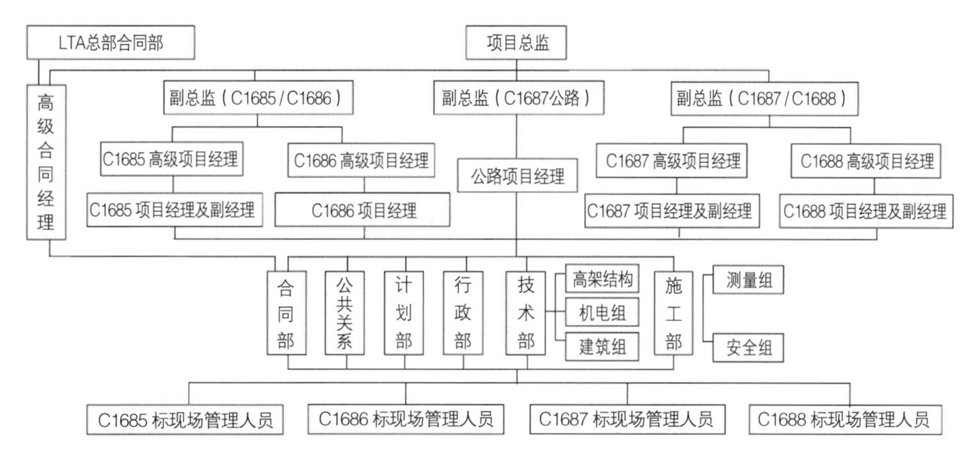

图4-1 新加坡业主（LTA）组织结构图

新加坡业主（LTA）主要管理人员职责分工表 表4-1

职务或职称	主要职责	备注
项目总监	负责项目安全质量管理；控制财务和预算；按期交付工程；负责项目人员发展和职工福利；确保项目的工作符合相关单位和公共机构的利益	
项目副总监	协助项目主管，管理员工；确保土建承包商按期交付工程；负责土建与综合承包商之间的协调配合	
高级项目经理（合同）	负责项目土建合同管理；担任土建合同官方代表；落实项目安全防范措施；在合同方面，给项目主管提供建议；负责合同人员的管理；预算管理；解决有关合同事宜	
高级项目经理（土建）	负责各自标段土建施工安全、质量、进度等全面管理，协调设计、监理单位与承包商之间的协调、配合工作	
项目经理	负责各自标段土建现场施工管理，协调好承包商之间的协调	
高级工程师	协助项目经理管理有关土建或机电的工作；确保承包商工作满足主管部门的要求，以及敦促不合格项的整改	
机电协调员	负责协调综合服务系统承包商系统接口，给土建承包商的设计单位提供 CSD/SEM 的图纸；在机电相关事务上协助项目经理；组织承包商 CSD/SEM 内部协调会议和安装计划	
轨道工程师	负责项目的轨道设计；协调轨道设计相关人员和部门；检验、确保轨道综合服务设计图符合标准	
设计工程师	负责公路和线路设计方面；联络公共机构部门处理公共服务方面事宜	
测量员	提供初始的坐标控制数据；监督、检查现场关键结构尺寸的测量放样；检查承包商的测量方案和提交的图纸；检查和核实控制点	
现场监督员	专职在现场监督承包商履行工作质量；监督现场施工的安全和质量；如果承包商存在安全隐患时，及时纠正、执行安全标准；依据安全和材料工艺标准，检查永久工程的质量、安全	

二、总承包商组织结构及职责

以项目为中心按两级管理模式设立项目组织机构，集团公司成立中铁十一局集团新加坡大士西延长线项目部，如图4-2所示，下设C1686、C1687 两个标段项目部，如图4-3所示。集团公司项目部设行政人事部、工程部、安全部、物资设备部、技术中心、合同部、财务部7个部门，除财务部、行政人事部以外，其他均为各项目公共资源部门。集团公司所属子公司桥梁公司、六公司、建安公司负责项目部分施工任务。其中六公司项目部负责项目所有铁路和公路箱梁节段的运输、拼接、架设、张拉、湿接缝，车站的钢结构；桥梁公司项目部负责项目所有铁路和公路箱梁节段、盖梁壳的预制以及桥面系安装；建安公司项目部负责三个车站的装修工程。其他下部结构由两项目部组织分包商施工（图4-2）。

另外，由于新加坡项目在设计方面与国内有很大不同，设计单位出具的图纸基本属概念设计，需要承包商设计和绘制施工详图，报设计单位审批通过后才能用于

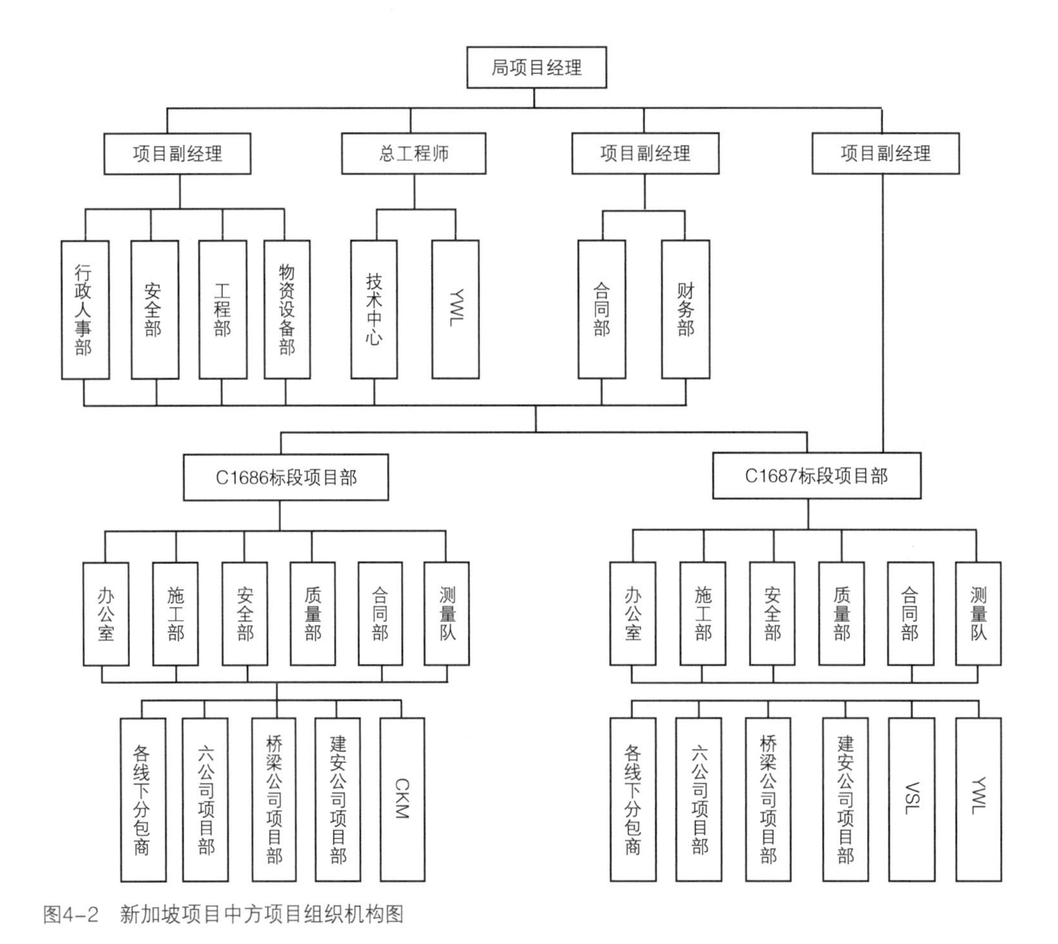

图4-2　新加坡项目中方项目组织机构图

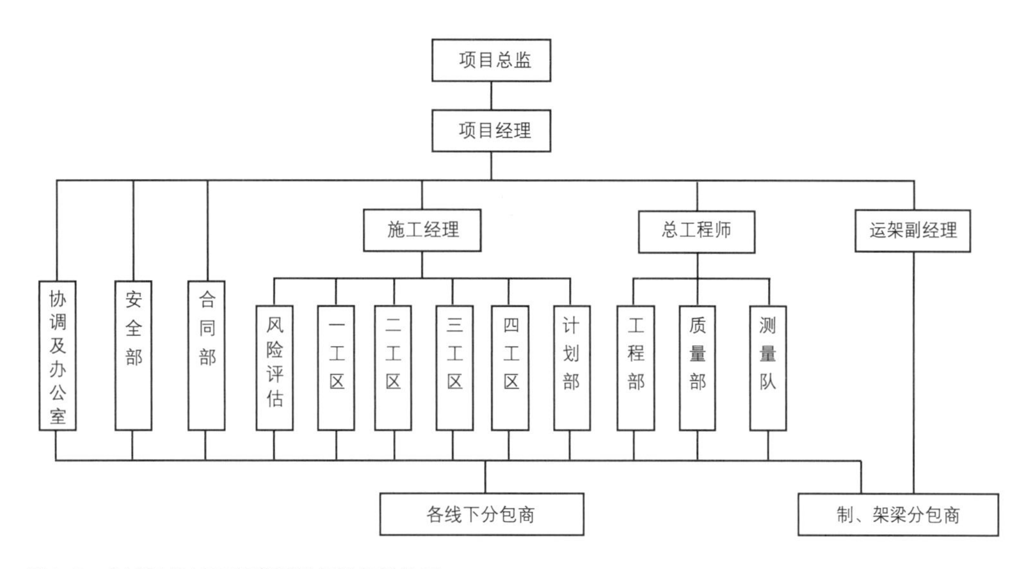

图4-3　C1686/C1687标段项目部组织机构图

施工。因此，局项目部成立技术中心，负责设计协调及图纸深化工作。

三、标段项目现场施工人员配置

（一）C1686 工区划分及人员配置

C1686 标按照高架、车站，以及工程量，将标段划分为5个工区，其中2区、5区属于车站工区。

各工区一般设现场经理1人，工程师2人，督工（领工员）2人，安全人员1人，杂工3人，仓库保管员1人。高峰时，工区人员达到13人。

随着工程逐渐收尾，工区合并为3个，每工区人员逐步减少为6人，具体配置是现场经理1人，督工（领工员）1人，安全人员1人，杂工3人。

（二）C1687工区划分及人员配置

C1687标将标段划分为4个工区，其中1区为公路工区、3区属于车站工区。

2013年5月以前，各区分别设置1名现场经理、1名工程师、2名督工、1名安全督工、2名管工，1名测量工程师，管理人员达8个，工人12左右。工人包含起吊督工、信号工、捆绑工、环境维护工等，造成较大管理成本浪费。

2013年5月之后，调整为中铁十一局内派员工为现场经理，每个工区逐步调整为1名现场经理、1名现场工程师、1名督工、1名管工、0.5个测量工程师（2个区共用），合计管理人员4.5个，工人8～10个，工人兼职起吊人员工作，并且控制工人加班时间。

2015年6月，项目部对现场各工区管理人员进行了合并整合。合并一、二区为1个工区，合并三、四区为1个工区，人员集中办公，统一管理，人数也缩减至8人左右。

四、子公司项目部工区划分及人员或分包配置

（一）六公司项目部工区划分及人员配置

六公司项目部设有五部一室来满足现场施工需要，分别是工程技术部、物资设备部、安置环保部、计划合同部、财务部和综合办公室。施工高峰时项目部管理人员75人，其中外籍1人，其余均为国内员工，满足施工要求。

根据工作内容和项目特点，将工地分为12个工区，分别是：铁一工区、铁二工区、铁三工区、铁四工区、后连续作业工区、盖梁工区、钢结构工区、公路架桥机工区、汽车式起重机架梁工区、P+1施工工区、公路后连续施工工区、桥面吊及首末孔施工工区。

每个工区配备1个工区长和2～3名技术员，负责现场施工生产管理工作。各工区根据项目部下发的计划施工，同时项目部各部室为各工区施工生产提供劳动资源要素配置、技术服务、安全管理等方面的支持，保证现场生产有条不紊地进行。

现场作业人员配置如下：

1.铁路组

4台铁路架桥机配置双班人员作业，每班14人，含1个督工、1组起重人员（3人）、1个升降车手、1个架桥机司机及8个杂工；铁路后连续施工分后续压浆单工班6人、支座安装单工班4人、湿接缝单工班6人、后续张拉8人，其中包括相应的起重人员和升降车手。

2.公路盖梁组

配置单班20人，含2组起重工班、2名升降车手。

3.公路组

单班包括架桥机14人、P+135人、汽车起重机14人、后续施工56人。

4.钢结构组

单班包括吊装工班8人、扩孔班5人、地面拼装班12人、油漆班6人及机动人员3人组成。

（二）桥梁公司项目部工区划分及人员配置

桥梁公司新加坡项目部随着工程任务不断改变，组织机构由最初的“四部一室”依次调整为项目部与梁场两级管理，四线九部一室、四线十部一室、四线十一部一室、三线十部一室、二线九部一室。各部室各司其职、通力协作，保证项目各项工作顺利运转。施工高峰时，配置管理人员为66人，其中正式职工33人，外聘员工33人（新加坡本地聘用员工12人），满足项目部人员需求。

现场划分为铁路生产线、公路生产线、盖梁生产线、铁路桥面系、公路桥面系五个工区。

铁路生产线劳务组织峰值为中国工人115人、外籍工人12个（含分包队伍中的华工35名，外籍工5名），

公路生产线劳务组织峰值计划：中国工人100名、外籍工人50名。

盖梁生产线采取施工队与分包结合形式，施工队劳务组织峰值为：中国工人65名、外籍工人30名（含分包队伍中的华工30名，外籍工15名）。

铁路桥面系采取施工队与分包结合形式，劳务组织峰值为：中国工人为40名、外籍工人为72名（含分包队伍中的华工10名，外籍工65名）。

公路桥面系采取施工队与分包结合形式，劳务组织为中国工人为131名、外籍工人为64名（含分包队伍中的华工50名，外籍工24名；不含后期利用其他生产线富余工人）。

（三）建安公司项目部工区划分及分包配置

建安公司项目部核定19人，下设五部一室，工程技术管理部、计划部、财务部、物资设备部、安全质量环保部及办公室。按车站分布项目下设三个工区，由工程技术管理部及安全质量环保部负责工区安全质量管理、施工协调、技术管理和生产服务工作。计划、财务、物资、办公室作为三个工区的公共服务部门，为三个车站施工提供支撑保障。

根据任务划分和现场工作开始先后顺序，确定劳务队伍和专业分包商完成车站装修工作。装修分包队伍21家，其中劳务分包2家，专业分包商19家。二次结构及墙地面装修采用3个劳务作业队伍进行施工，屋面工作由2个专业分包商负责施工，金属吊顶、幕墙、扶手、金属门、百叶窗等工作分专业各确定一个分包商负责施工，工作根据土建施工进度进行分段插入工作，各自组建班组负责三个车站相关专业工作。

第二节　参建单位主要概况
Section 2　The Main Overview of the Participating Units

参加单位主要包括建设单位、设计单位、监理单位、施工单位等，主要情况如下。

建设单位/验收单位：新加坡陆路交通管理局（英语：Land Transport Authority；缩写：LTA），简称陆路交通局或陆交局，是新加坡政府法定机构之一，是新加坡交通部管理下的独立机构。于1990年，由新加坡地铁公司的车辆管理所、车辆登记处、前公共工程局道路交通处以及前通信部的陆路交通处四方合并，成立陆路交通管理局，主要负责轨道交通规划与设计，巴士服务和道路新建工程的建设。

设计单位Aecom：于1990年成立，是世界知名的基础设施全方位综合服务企业，从规划、设计、工程到咨询和施工管理，提供项目全生命周期各阶段的专业服务，在财富500强（Fortune 500）中名列第163位，于纽约证券交易所上市。主要业务范围包括以下专业领域：能源、环境、建筑设计、建筑工程、施工服务、规划设计、经济规划、政府服务、矿业、石油和天然气、专案管理、工程造价咨询、交通运输、水务。

监理单位Tritech：新加坡唯一提供城市与环境基础工程及水与环境全产业链服务的跨国集团上市公司。主要业务包括城市与环境基础设施建设提供规划、勘察、咨询设计、施工监测、新技术应用以及项目综合管理等一站式完整服务。

承建单位：中铁十一局集团有限公司是集施工、设计、科研于一体的国家铁路综合工程、公路工程、工业与民用建筑、市政工程施工的大型一级企业，具有对外承包工程资质及经营权。集团公司下辖第一、二、三、四、五、六、电务、建筑安装、桥梁、城市轨道交通工程有限公司等10个子公司，机关设立了15个职能部门，下设北京办事处、西北、西南、北方、福州、广州等区域经营部等机构。

参建单位：中铁十一局集团桥梁（物资贸易）有限公司是集工业、工程、贸易、物流、战备器材储备与租赁于一体的国有独资企业，是上市企业中国铁建股份有限公司的子公司。公司下辖铁路制品公司、物业管理公司、器材租赁公司、多种经营公司、铁路器材公司。公司具有桥梁工程专业承包二级资质、混凝土预制构件专业承包二级资质、钢结构工程专业承包三级资质，公司通过了安全、质量、环境三标一体管理体系认证，主要生产经营新Ⅱ型、ⅢA、ⅢB、ⅢC、新Ⅲ桥混凝土轨枕、高铁箱梁、T梁、城市轻轨PC梁、U形梁、铁路无砟轨道板以及战备器材租赁和多种经营。

参建单位：中铁十一局集团第六工程有限公司是以工业制造和地铁车辆段建设为主业，集机电安装、运架梁施工、风电施工等专业为一体的施工生产企业。持有各类资质19项，包含建筑工程施工总承包壹级、钢结构工程专业承包壹级、机电安装总承包壹级等施工资质12项，A/B级门式起重机械、C级桥式起重机械、900吨架桥机制造等制造类许可证7项。

参建单位：中铁十一局集团建筑安装工程有限公司系中铁十一局集团全资子公司。公司具有建筑工程、市政公用工程施工总承包一级资质，地基基础、建筑机电安装、钢结构、建筑装修装饰、防水防腐保温、电子与智能化工程专业承包一级，铁路、机电工程总承包，环保、消防设施、建筑幕墙、起重设备安装工程施工专业承包二级资质，消防设施、建筑幕墙工程设计一级资质、测绘乙级和营业性爆破四级资质，施工领域涉及高层房建、超高层房建、铁路站房、机场站房、工业厂房、市政管网、铁路等重大工程。参建单位如表4-2所示。

新加坡大士西延长线C1686与C1687参建单位表　　表4-2

序号	参加单位	名称
1	建设单位	Singapore Land Transport Authority （新加坡陆路交通管理局）
2	设计单位	Aecom Singapore Pte.Ltd
3	监理单位	Tritech Singapore Pte Ltd（C1686），TERS Singapore Pte.Ltd（C1687）
4	承建单位	中铁十一局集团有限公司
5	参建单位	中铁十一局集团桥梁（物资贸易）有限公司
6	参建单位	中铁十一局集团第六工程有限公司
7	参建单位	中铁十一局集团建筑安装工程有限公司
8	竣工验收单位	Singapore Land Transport Authority （新加坡陆路交通管理局）

第三节　设计概况
Section 3　Design Situation

中铁十一局承包大士西延长线C1686和C1687两个施工标段，C1686 项目主要包含EW32 和EW33 两座高架车站，以及一座大约1.8km长的轨道高架桥施工，列车设计速度80km/h。C1687 项目主要包括EW31高架车站的施工，2.4km长铁路高架桥及4.8km 长公路高架桥。铁路节段外形及架设方式与C1686类似，公路设计时速90km/h。设计年限为120年。两标段平面图如图4-4所示。

铁路节段梁为连续梁桥，采用逐跨拼装架设，节段类型分为8种，其中正线梁4种，含PS1支座梁；车站梁4种，含PT1支座梁。正线梁梁高2.4m，梁宽5.1m，梁长变化范围2.7～3.5m；车站梁梁高1.6m，梁宽5.1m，梁长变化2.7～3.5m，端头节段梁长均为2.5m 固定值，如图4-5所示。

公路节段梁采用悬臂拼装架设，节段类型分为24 种，含REJ 支座梁。节段梁梁高2.4m，梁宽6.7m，梁长变化范围2.7～3.5m，REJ 支座梁梁长为3.5m 固定值。公路节段梁线路最小曲线半径为135m，如图4-6所示。

C1686/C1687承建的三个车站均为地上车站，其中EW31和EW32车站位于道路中央。EW31车站长183m，宽11.5m，建筑高度34.3m，建筑面积7900m^2，由电缆夹层、地面层、站厅层、中间层及月台层组成，如图4-7所示；EW32站建筑长183m，宽11.5m，建筑高度34.3m，建筑面积7700m^2，由电缆夹层、地面层、站厅层、中间层及月台层组成，如图4-8所示；EW33站建筑长240m，宽18.3m，建筑高度26.2m，建筑面积9800m^2，由电缆夹层、地面层、站厅层及月台层组成，如图4-9所示。

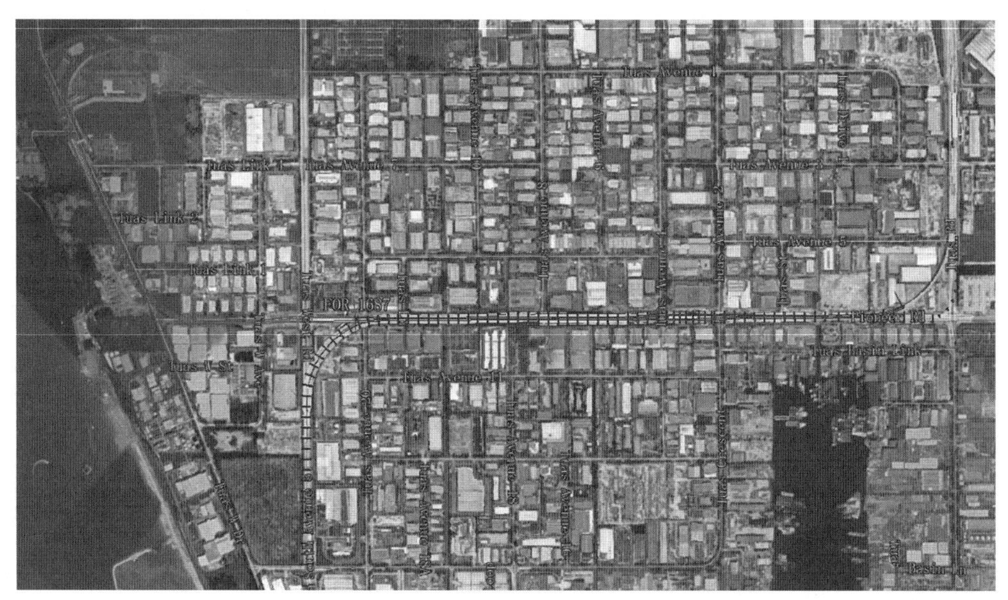

图4-4　C1686和C1687平面图

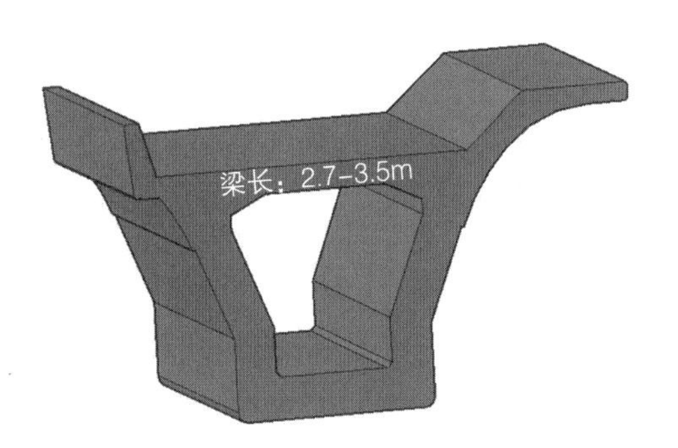

图4-5　铁路正线节段梁标准节段三维视图

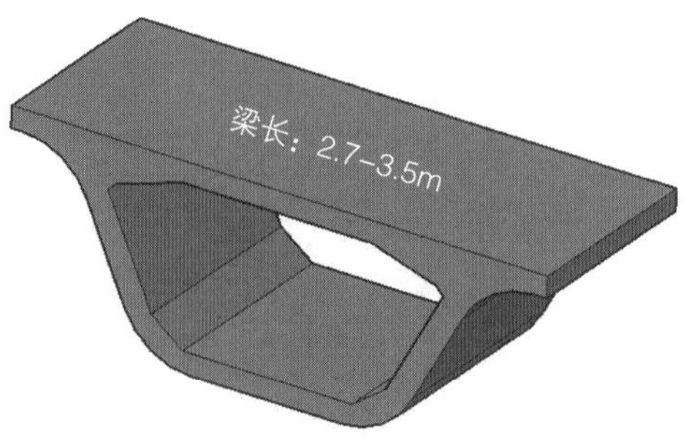

图4-6　公路节段梁标准节段三维视图

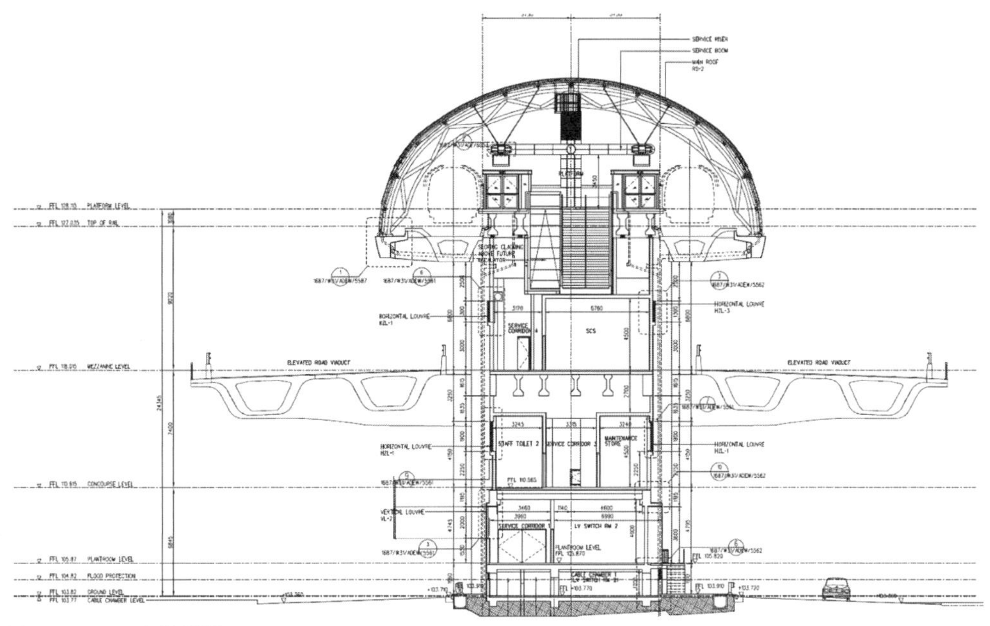

图4-7　EW31车站剖面

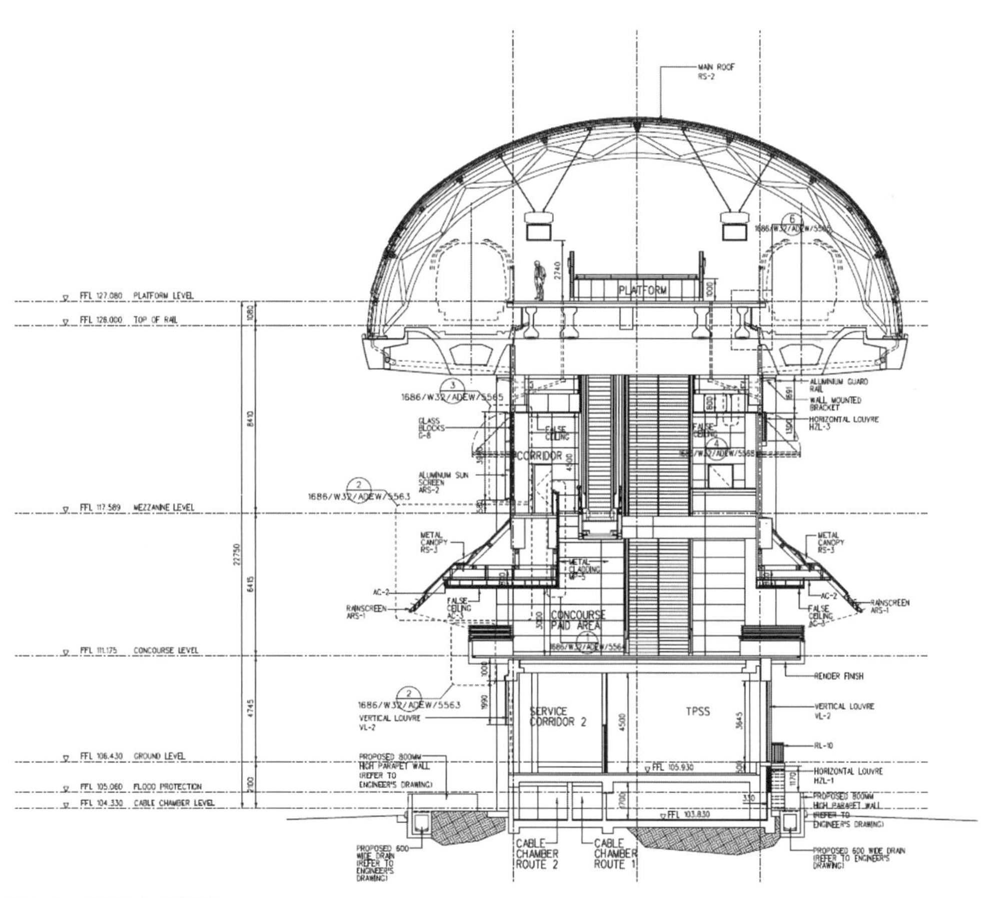

图4-8　EW32车站剖面

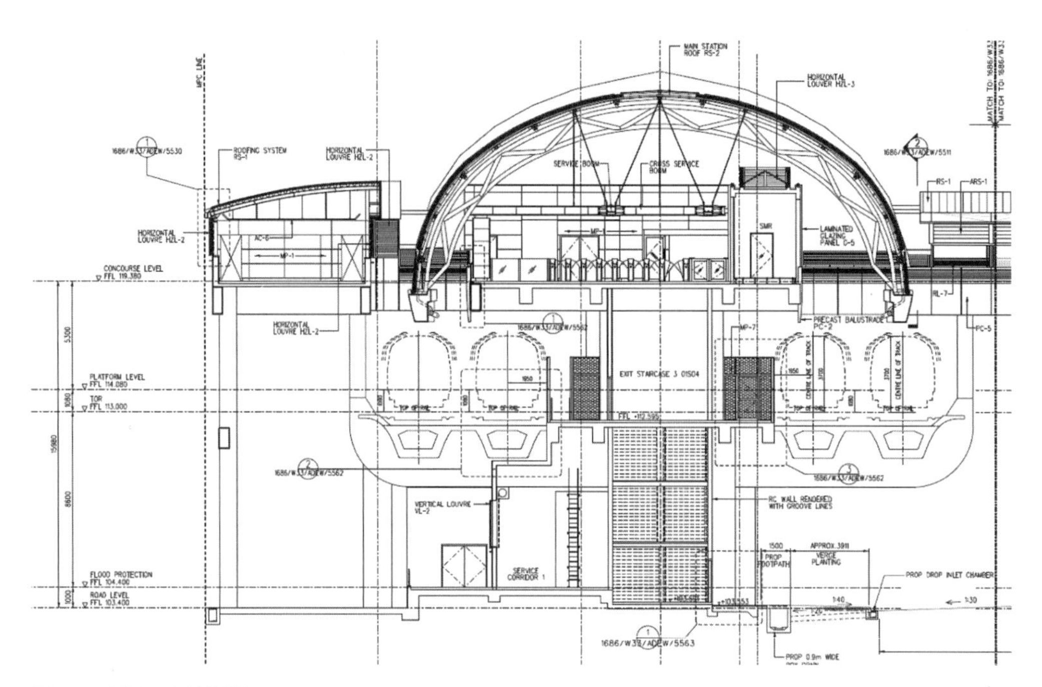

图4-9 EW33车站剖面

本项目主要采用英国标准，设计和工艺严格按照最新版LTA（Land Transports Authority，简称LTA）（陆交局）设计标准及M&W规范，英标BS5400、BS8110、BS5950和英国交通部标准执行，具体如表4-3所示：

主要采用的标准汇总表 表4-3

序号	国别	规范编号	规范名称或内容简介
1	新加坡标准	SS CP4	基础设计规范
2	新加坡标准	SS CP65	混凝土的结构用途（1999 年）
3	新加坡标准	SS CP73	含水液体阻挡用混凝土结构设计的实务守则
4	新加坡标准	SS2	混凝土配筋用钢
5	新加坡标准	SS32	混凝土配筋用焊接钢筋网
6	新加坡标准	LTA	特殊技术规范
7	新加坡标准	FSSB	建筑物防火措施实务守则（2007 年） 捷运系统的消防安全标准（2009 年）

序号	国别	规范编号	规范名称或内容简介
8	欧洲标准	EN10210	非合金和细晶粒结构钢的热精加工结构空心型材
9	欧洲标准	EN10025	结构钢热轧制品技术交付条件
10	欧洲标准	EN 1011-1：2009	金属材料焊接用推荐规程，弧焊一般指南
11	欧洲标准	EN 1461	加工钢铁制品的热浸镀锌图层 - 规格和试验方法
12	欧洲标准	EN 10143:2006	连续热浸镀层钢板及钢带 - 尺寸和外形公差
13	英国标准	BS 1881	混凝土测试
14	英国标准	BS 4499	混凝土配筋用碳钢条规范
15	英国标准	BS 4466	混凝土配筋弯曲、尺寸和图标编制规范
16	英国标准	BS 4483	混凝土配筋用钢筋网
17	英国标准	BS 5896	预应力钢绞线
18	欧洲标准	EN 10113	钢结构
19	欧洲标准	EN 10210	
20	欧洲标准	EN 1461	螺栓和焊接，镀锌要求
21	欧洲标准	EN 287-1	焊接
22	英国标准	BS 5135：1984	低碳钢金属弧焊接的一般要求
23	英国标准	BS 6069	喷漆要求规范
24	英国标准	BS 3692	螺栓和螺母固定
25	英国标准	BS 3693	螺母和垫圈
26	英国标准	BS 5400	桥梁支座
27	英国标准	BS 5950	钢结构
28	英国标准	BS 6779	扶手和栏杆

第四节　当地生产资源概况

Section 4　Overview of Local Production Resources

新加坡自然资源短缺，其中供水、供电、通信、劳动力、钢筋、混凝土等方面主要情况如下：

一、供水方面

新加坡大部分生水从马来西亚进口或来自国内的蓄水池，其余用水依靠已投入运作的两座海水淡化厂及五座新生水厂的供应。新加坡生活用水由新加坡公共事业局（PUB）提供，自2000年7月后维持不变，用水量少过每月40m^3，须缴交的水费是每$m^3$1.17新元；耗水税是水费的30%。用水量超过每月40m^3的用户，须付较高的水费，每m^3要1.40元；耗水税则调高至水费的45%。

2013年3月，新加坡公布其未来50年水源发展蓝图，预测2060年新加坡日用水量将比目前增加一倍，达到7.6亿加仑。鉴于新加坡与马来西亚签署的第二份供水协定将于2061年到期，新加坡将加大投资力度，努力扩大本地新生水和海水淡化产量，力争到2060年使其分别满足本地55%和25%的用水需求。

（一）预制场用水

项目地处沿海区域，附近没有可以直接利用的水电接入点，需要向市政管理部门申请专线接入。根据既往项目经验，专线接入时间约6～8个月，时间较长。在接入市政水电专线前，项目部将在现场建蓄水池，收集雨水解决前期施工用水问题。

（二）现场生产用水

施工现场用水主要为场地清理、养护、冲洗等方面，本项目施工前期考虑为回收雨水，现场做蓄水池、蓄水箱搜集雨水，不足用水采用水罐车托运的方式补充供水；后期可以由市政给水提供。

二、供电方面

新加坡发电以火电为主，天然气占95.2%，石油和煤炭占1.9%，太阳能占2.9%。

本项目线路位于既有道路上方，考虑到大电接入费用较高，现场临时用电线路架设方案难度大、成本高、安全风险高，高架桥及车站的施工用电全部采用自发电和柴油发动机设备。

三、通信方面

新加坡通信发达，电信公司有新电信（Singtel）、星河（StarHub）和第一移动（M1），满足日常通讯交通；同时，施工现场管理人员和现场管工配置对讲机，满足施工交流。

四、劳动力

新加坡政府对外籍劳工有严格的配额限制，现场施工不可能全部配备中国工人；由于配额的存在，项目中途更换工人的比例非常少。现场劳务主要由中国工人、当地招聘的外籍劳工，以印度、孟加拉及巴基斯坦居多。

华工单价较高，但其易沟通、作业能力强、工作效率高、敬业，适应工期紧张的抢工和需要工人技能相对较高的工作；外籍劳工单价相对较低，其作业能力、工作效率及敬业程度等方面也不如华工，但安全意识及服从性高，一方面，可将其安排到信号工、起重督工、安全督工、ECO（环境管理员）等特殊工种岗位，另一方面，也可挑选适当外籍劳工搭配华人施工队中，由华人带动协作劳动降低生产成本。

根据新加坡《劳动法》，新加坡无最低工资标准，工资由公司和员工协商，或公司和代表员工的工会协商。新加坡劳动力市场极为灵活，企业不必负担更多成本，不会出现业务中断的风险。新加坡的劳动法立场中立，只对雇员规定较少的福利，法定年假较少，且无国家最低工资或遣散费的要求。此外，新加坡没有广泛的工会联盟，劳动关系普遍温和，极少发生罢工行动。尽管对移民的限制将使企业在引入高技术或低技术工人时增加成本，但总体而言，新加坡开放的劳动力市场为投资者带来的风险非常小。

新加坡有人头税的问题，新加坡对外籍劳务按照技能等级和在新加坡工作时间分为R1和R2级别，人头税占工资占比差不多到40%和70%了，中间差30%，我们很难自己管理工人能提高30%的效率。而技能高、人头税少的R2级劳工因有在新加坡施工时间限制要求，多在当地劳务分包商和劳务公司手中。目前市场上有比较充足的劳务资源，但多为R1级别劳务，人头税较高；在项目前期资源、信息相对不足的情况下，自己带劳务成本上优势不大。因此，本项目线下施工主要采用专业分包，节段梁预制和架设引进部分中国工人带部分外籍劳工作业，另外配少量孟加拉、印度籍工人作为日常卫生清理等辅助用工。

五、钢筋

新加坡钢筋原材料多为中国、土耳其和卡塔尔进口，基本以国际钢铁价格相符。

新加坡本地钢筋供应商主要为BRC &LWM、Ribar Industry、Angkasa、Natsteel、YSL、Marubeni、HG等，集供应原料和加工为一体；本地也有部分钢筋专业加工企业，如Wai Fong。按供应能力和规模看，BRC &LWM、Ribar Industry、Angkasa、Natsteel较强。

六、混凝土

新加坡地材资源全部依赖进口，沙石供应受限，印尼、马来西亚、柬埔寨砂石供应已经被禁止，目前多数沙石从越南、缅甸或中国进口。进口后的砂石在新加坡本地建堆场存放。混凝土原材料的价格不确定性受政府政策性影响较大。

本地具有生产供应混凝土资质的商混厂家12家，其中以PAN UNITED（PUCC），ALLIANCE, YTL, ISLAND四家供应规模和能力较强。

资质方面，PUCC 和ALLIANCE为最高L6等级资质，PUCC 以大士站为主供应站，Sugei kadut为备用站；Alliance以Sugei Kadut站为主供应站，大士站为备用站；YTL为L4等级，只有一个站供应。

机器装备和生产能力方面，PUCC目前主供站装机容量为$120\times1+180\times2=480m^3/h$，备用站装机容量为$120\times2=240m^3/h$，总装机容量$720m^3/h$；Alliance主供站和备用站装机容量都为$120m^3/h$，总装机容量$240m^3/h$；YTL总装机容量为$240m^3/h$。

七、运输

新加坡基础设施完善，拥有全球最繁忙集装箱码头、服务最优质机场，是世界重要的转口港及联系亚、欧、非、大洋洲的航空中心。

（一）公路

新加坡12%的土地面积用于建设道路，形成以8条快速路为主线的公路网络。新加坡公路总里程数3496km，其中高速路164km。为缓解道路拥堵，新加坡政府实施车辆配额及拥车证招标制度，并于1998年开始实施电子道路收费（ERP），共设有93个电子收费闸门。

（二）铁路

新加坡轨道交通发达，轨道交通线路总长228.4km，其中地铁（MRT）199.6km，设141个站点，轻轨（LRT）28.8km，设42个站点。

2011年，新加坡推出轨道交通建设规划，预计未来10年轨道交通建设总投资将达到500亿美元。2013年初，新加坡宣布在2030年之前，将地铁网络从现在的178km扩大一倍到360km。

（三）空运

新加坡是亚太地区重要的航空运输枢纽。樟宜国际机场客运量6222万人次，货运量213万吨，飞机起降超过37万架次，为全球最繁忙的机场之一。自1981年运营以来，樟宜机场共获得560多项“最佳机场”奖项，100多家航空公司在此运营通往全球400多个城市、每周超过7200个班次的航空网络，平均每84秒即有一架飞机起降。12家航空公司已开通新加坡直飞中国33个城市的航线。

2012年9月，新加坡樟宜机场关闭廉航候机楼，就地新建年载客能力1600万人次的第四航站楼，建成后樟宜机场年载客能力将增加到8500万人次。另外，新加坡还于2012年公布了樟宜机场初步扩建计划，拟将其周边1000ha土地纳入机场范围，使机场面积增加77%，达到2300ha，届时将根据机场客流量增长情况考虑在扩建区域新建1～2个航站楼，并建设飞机保养、维修和翻新服务（Maintenance, Repair and Overhaul，简称MRO）以及航空物流等设施；近期则有意将一条现有的军用跑道改为军民共用的机场第三跑道，以缓解樟宜机场容量不足问题。

（四）海运

新加坡是世界上最繁忙的港口和亚洲主要转口枢纽之一，也是世界第一大燃油供应港。新加坡港已开通200多条航线，连接123个国家和地区的600多个港口，有5个集装箱码头，集装箱船泊位54个，为全球仅次于中国上海的第二大集装箱港口。新加坡港货运量6.26亿t，集装箱吞吐量3366.67万标箱，占全球集装箱转运量的七分之一，燃油销售量5063.64万t。截至2017年底，新加坡注册船舶4578艘，总吨位8880.8万t。

位于丹戎巴葛的新加坡港租约将于2027年到期，新加坡有意将港口搬迁到西部大士地区，现已着手开展可行性研究。腾空后的丹戎巴葛地区将建设为集商务、旅游、休闲、居住于一体的滨海新城。

八、清关

新加坡是亚洲主要海运航线交点上的自由港，它实行开放的进口政策，大约95%的货物可以自由进入新加坡。对酒类、烟草（含卷烟）、糖制品和冰箱实行特别关税率政策。关税率一般较低，货物的从价税关税率为5%，只有汽车例外，其税率为45%。自1994年以来，新加坡采用了简化贸易分类法，用2600项品目来代替过去使用的5700项品目。新加坡没有海关附加费用，但要征收3%的货物与服务的进口税，该税是按纳税价值（例如：生产成本、保险费、运费和关税之和）而征收的。海关当局采用布鲁塞尔定价原则（Brussel Definition of Vallue简称BDV），对进口货物进行估价。除汽车燃料外，进口货物的价格应为正常价，也就是预留税金时，互相独立的买卖双方在公开市场上交易的货物卖价。税额一般包括fob价格、运费、保险费、营销费（费率一律为1%）和佣金以及在销售和交货过程中产生的各项附加费用。从价税率适用于确定这样的价格，如果进货方和供货方有特殊关系，海关就上调发票价格，使其达到布鲁塞尔定价原则所确定的价格。对酒类、烟草（含卷烟）、鸟蛋和冰箱征收的特种关税由重量、体积和计量单位决定。若关税率可用特种税或从价税表示（比如车用燃料），则所交关税应取两者中较高的一种。

新加坡目前共有2个特区，即裕廊工业区和肯特岗科学技术园区。其中肯特岗科技园区为从事工业研究和开发提供了各种方便和优待，以鼓励国内外投资者研究开发新产品、新技术和新工艺。

第五节　施工场地、周围环境、水文地质等概况

Section 5　Overview of the Construction site, Surrounding Environment

一、施工场地

本项目位于新加坡西部大士工业区，全部高架及车站位于交通繁忙的城市主干道

上，线路经过65家工厂区，16处十字路口，场地条件苛刻，交通环境复杂，道路交通改道难度大、施工干扰多。新加坡的城市电力、通信线路都铺设于公共道路地下，且早期管线的位置资料保存不全，在开始施工前需要请专业的承包商进行勘测，有阻碍施工的管线则需要改移，给桩基施工组织带来较大的制约。

二、工程所在地环境

新加坡属热带海洋性气候，常年高温潮湿多雨，一年四季气温无明显变化，年均温度在23～35℃之间。12月是一年中最冷的月份，平均气温在23～24℃左右。新加坡雨水充沛，年降雨量2400mm左右，每年11月至次年3月为雨季。

项目所在地位于新加坡西部沿海区域，与马来西亚新山隔海相望，所建车站及高架桥位于大士西路和先驱大道上，交通较为便利，附近设有本地混凝土供应商PAN UNITED（PUCC）的拌和站。

三、水文地质条件

新加坡地势低平，平均海拔15m，最高海拔163m，海岸线长193km。

本项目地下水位介于地面以下0.1～4m。地表排水沟渠最终流向柔佛海峡。地层由老冲积层、河口滩涂、裕廊地层组成。裕廊地层是最近，全新世或更新世晚期沉积物，由可变陆地沉积物从卵石床到砂、泥沙和黏土及泥炭组成。由上至下分为回填层、冲积层、风化层和基岩。岩石埋深介于10～30m，平均埋深15m，岩石埋深较浅。根据既有地质探孔报告揭示，在项目范围内分布有石灰岩层夹层，分布范围较广，与基础桩基交叠，存在岩溶风险。

第六节　工程建设主要内容
Section 6　The Main Content of the Project Construction

中铁十一局新加坡项目部负责新加坡轨道交通大士西延长线C1686项目和C1687项目两个标段的施工。项目位于新加坡西海岸先驱路和大士西路、大士西道附近，工程涵盖铁路和公路高架桥、铁路车站、交通道改、公路修复、建筑物拆迁及大型临时设施等主要内容。其中，C1686项目主要包含EW32和EW33两座高架车站以及单层铁路高架桥1.8km；C1687项目主要包含EW31高架车站，单层公路高架桥1.2km，公铁两用双层高架桥2.2km，5座匝道总计2.9km，双孔涵洞660m，以及其他附属和沿线修复工程。

具体工程量清单如表4-4所示。

工程量清单　　表4-4

项目名称	序号	工作名称	单位	设计数量	备注
C1686 项目部	1	地质钻探	根	255	包含新增
	2	试桩	根	13	
	3	钻孔桩（圆桩）	根	655	
	4	承台	个	291	
	5	墩柱	个	111	
	6	盖梁	片	76	
	7	铁路节段梁预制	节段	1464	
	8	铁路节段梁架设	孔	138	
	9	EW32 车站结构	万 m^2	1.07	
	10	EW33 车站结构	万 m^2	1.28	
	11	EW32 车站钢结构安装	t	796.9	
	12	EW33 车站钢结构安装	t	853.2	
	13	EW32 车站装修	万 m^2	4.7	
	14	EW33 车站装修	万 m^2	5.95	
C1687 项目部	1	地质钻探	根	194	
	2	试桩	根	13	
	3	钻孔桩（圆桩）	根	479	
	4	钻孔桩（方桩）	根	374	
	5	承台	个	203	
	6	公路墩柱	个	154	
	7	公路盖梁	片	121	
	8	铁路墩柱	个	71	
	9	铁路盖梁	片	56	
	10	盖梁壳预制	片	56	
	11	铁路节段梁预制	节段	1274	
	12	公路节段梁预制	节段	4453	
	13	盖梁壳架设	片	56	
	14	铁路节段梁架设	孔	114	
	15	公路节段梁架设	孔	383	
	16	EW31 车站结构	万 m^2	1.15	
	17	EW31 车站钢结构安装	吨	714.4	
	18	EW31 车站装修	万 m^2	5.93	

第七节 工程项目特点、重点与难点分析

Section 7 Analysis of Project Characteristics, Priorities and Difficulties

新加坡大士西轨道工程项目以其新、难、严的特点被各方熟知和关注。不仅是因为我们首次进入非母语系发达国家，更多的是因为工作模式、结构形式、工艺方法、工作程序的新颖所带来的挑战。本项目具有以下施工特点：

一、管理模式迥异

新加坡项目作为一个施工总承包项目，和国内按图施工不同，由于设计图纸深度介于概念设计和施工图设计之间，需要承包商设计和绘制施工详图才能用于施工。承包商在绘制施工详图过程中，需要进行结构、建筑、机电的各专业总体平面布置和细部设计，还需要进行多专业及现场的综合协调设计。但这并非真正意义上的设计施工一体化，图纸需要交由业主和设计院批准后方可使用，因此我们将其定义为施工详图一体化联合设计模式。这种模式对在国内主要承担施工任务的总包来说是一个全新的考验。

在此模式下，进行内部设计之后，施工详图的报批还需要经过一个和设计院反复沟通的过程，一般不会得到业主和设计院的轻易批准，而是收到一些笼统的修改意见和免责说明，一般批复时间为两周，若需要再次提交，则需要更长时间。所有的临时结构设计都必须由专业注册工程师盖章后方可报批。

对于总体设计、结构主体等变更，不仅流程复杂，而且涉及报批部门多，需要经过设计、业主、AC、BCA或其他政府部门等层层审批，其审批不仅从专业角度审查，还要从合同角度考量，因此提速困难、获批更困难。

以公路高架永久预应力体系优化设计为例，从获取第一份设计院图纸开始，我们就针对预应力设计中存在的问题组织业主、专业分包、咨询单位、设计院反复讨论和论证，到最终完成永久预应力变更设计，发出信息图，前后历时两年多。

由于可施工性较差而进行的变更，业主和设计院一般要求我们提出建议，并有专门的计算和盖章，之后才会逐级报批，这种做法的结果就是对方免责，变更风险由我方承担。

二、技术难度大

施工既有1.5m×2.8m、1.2m×2.8m、0.9m×2.8m等设计桩长30~60m不等的大尺寸方桩，也有公路飞翼式分段壳模和节段梁的预制、安装，以及首次在东南亚采用

受力复杂的双层公铁高架结构，均是之前没有涉足的领域，从设计、装备、工艺到作业人员，影响因素多、技术难度大。

三、外界干扰因素多

（一）交通道改、管线迁改及房屋拆迁工作量大、时间长。

本项目属于市政工程，2个标段的铁路和公路高架通过Pioneer RD、Tuas WestRD和Tuas West Drive等主干道，要保证道路交通通畅，需对既有道路根据工程不同阶段反复采取占道、加宽外移、临时封闭等措施，交通道改线路长、次数多、时间久；沿线供水管道、电力、通信管线都埋在地下，管路密集，都需开挖探沟探测，遇到障碍后要及时处理；高架曲线段还通过5座既有工厂，拆迁困难。所有改移工作均要按照程序进行，涉及产权单位多、主管部门多，落实时间长。

（二）施工场地狭小，场内交通困难。

高架施工基本上都处于公路中间，为了保障道路交通，只允许占地宽度满足承台施工，加上现场施工设备、模板、支架及钢筋等物资设备存放，可利用空间小，场内交通困难。

四、安全风险大

一是高空作业风险，桥墩平均达到9～20m，风险大；二是吊装风险，项目设计有公路梁383孔，铁路梁252孔，对起吊设备、吊具要求相当严格；三是预应力张拉风险，设计有临时、永久预应力张拉两种方式，张拉工艺复杂，而且是高空在25cm的薄壁上进行张拉，稍有不慎就可能损坏壳体；四是交通安全风险，盖梁在高空施工时下部道路依然通行，安全隐患较大。五是机械设备风险，架桥机、门式起重机、钻机、吊车、挖掘机等大型机械设备多，影响安全的因素多，控制困难。

五、管理程序多

从拆迁、交通道改，到临时工程围挡、安全防护及主体施工，每道工序的施工图纸及方案均要求报审，方案还需要有当地注册的专业工程师（PE）签字盖章，涉及变更还要上报AC、BCA审批，与其他政府部门相关的还要上报业务部门批准，像PUB等；业主还要求上报分包商资质、特种作业人员的资格、各级管理人员的履历等，报审程序多，报批量大。

六、分包商资质要求严格

新加坡建筑市场允许合法专业分包，但是对分包商的专业资质要求严格，要求分包商具有新加坡国家劳工部颁发的资质证书，资质证书通过工程实例所体现出的施工能力、人员经验、管理水平取得，并且分级管理。

第五章　施工部署

Chapter 5　Construction Deployment

本章节主要从大士西延长线C1686和C1687项目的目标管理、管理机构和体系的建立、施工顺序与流水段的划分、管理风险分析及对策分析、施工准备、组织协调和施工布置等方面对项目的施工部署进行经验总结。

第一节　目标管理

Section 1　Goal Management

海外项目的目标管理应在保证公司执行海外工程项目的基本利益的基础上结合属地化的管理要求而制定，要求科学、属地化、趋利而让利、利于工程所在国的目标发展，涉及安全、质量、环境、工期和经济等目标管理。

一、安全目标

根据新加坡项目的特点，项目安全目标要达到以下方面：

（一）杜绝一般及以上责任事故及交通责任事故、火灾事故；

（二）控制险性事件，不发生较大影响或经济损失较大的各类安全生产险性事件；

（三）排查治理事故隐患，消除重大安全隐患；

（四）有效控制和应对突发事件；

（五）争取每月业主安全评分75以上，取得安全奖励；

（六）争取业主年度安全奖；

（七）争取事故预防安全奖（Rospa Award）。

二、质量目标

品质是一个企业走向世界的重要的敲门砖，是贡献“一带一路”的金钥匙，工程质量品质关乎公众的生命财产安全，制订质量管理目标。如下：

（一）质量全面受控，无质量事故，控制质量问题和工程病害；

（二）单位工程一次验收合格率达到100%；

（三）所有工程符合新加坡质量标准要求；

（四）向业主提供优质的服务；

（五）通过质量控制，有效抑制分包索赔、降低质量缺陷产生的修复费用和管理成本；

（六）通过海外工程质量管理，争取获得省部级优秀QC成果奖3项和国家级优秀QC成果奖2项；

（七）争取获得中国建筑鲁班奖–境外工程；

（八）争取获得新加坡建设局的建筑卓越奖（Construction Excellence Award）。

三、环境目标

新加坡是一座国际公认的美丽“花园城市”，有效控制和减少污染是新加坡项目管理非常重要的一方面，因此制定环境保护目标如下：

（一）严格控制施工扬尘，禁止有毒有害气体及大气污染物排放，执行新加坡NEA标准；

（二）施工污水排放达到新加坡环境局的排放标准；

（三）施工生产现场场界噪声达到新加坡环境局噪音标准；

（四）固体废弃物控制达到国家或地方标准；

（五）能源和资源消耗得到有效控制；

（六）环境污染、生态破坏的责任事故为零。

四、经济目标

满足集团公司下达的责任预算收益目标值。

五、工期目标

工期是满足业主要求的必要条件，工期的长短直接影响企业的经济效益，也体现海外发展综合管理能力。新加坡项目的项目工期目标致力于满足项目合同签订工期要求。根据中标合同，关键施工节点时间如表5–1、表5–2所示：

1686标段合同工期表　　表5-1

日期	主要结构物节点内容
2013/7/30	C1686/C1687 标段交界面完工，移至 C1687 标段高架施工时间
2014/9/30	铁路高架基本结构完工时间
2014/12/1	EW32 车站基本结构完工时间
2014/12/1	EW33 车站基本结构完工时间
2014/12/1	A 类房间 阶段一完工时间
交界面关键日期	
2012/8/30	C1685 处完工进入 C1685/C1686 共同施工区域的时间
2013/1/30	B、C 区域（草图 1、2）进场施工时间
2013/4/30	从 C1686/C1687 交界面完工进入 C1687 标段高架施工提供入场条件日期
2013/4/30	EW32 车站及入口 A 提供入场施工条件日期
2014/1/31	从 C1686/C1687 交界面进入 C1687 标段高架施工达到入场条件日期
2015/11/30	达到装水要求日期
2016/5/3	试运行时间
2016/7/29	总体完工时间

1687标段合同工期　　表5-2

日期	主要结构物节点内容
2014/9/30	完成 EW31 车站到 C1686/C1687 交界处区间的高架桥（包括车站内的高架）的基本结构
2014/12/1	完成EW31车站到C1686/C1687交界处的铁路高架桥的基本结构、完成EW31车站基本结构，完成
2014/12/1	Category A Rooms Degree 1 Finishes
2016/1/30	公路高架桥基本工作完成
交界面关键日期	
2013/1/30	进入 B 工作区域
2013/4/30	达到从 C1686 进入 C1686/C1687 交界区域施工铁路高架桥的条件
2013/4/30	为 C1686 项目提供从 C1686/C1687 交界区域进场施工 EW32 车站 A 进口的通道
2015/6/30	达到从 C1688 进入 C1687/C1688 交界区域施工公路高架桥的条件
2016/2/29	达到从 C1688 进入 C1687/C1688 交界区域施工局域 D 的 AT -GRADE 公路高架桥的条件
2015/11/30	达到装水要求日期
2016/5/3	开始试运行
2016/7/26	总体完工时间

第二节 管理机构、体系

Section 2 Management System

一、项目组织结构及职责

新加坡轨道交通工程大士西延长线土建工程项目公司作为中铁十一局集团公司外派项目机构，隶属集团公司领导，项目全称为“中铁十一局集团新加坡轨道交通工程大士西延长线项目经理部”。下辖“新加坡轨道交通工程大士西延长线1687项目经理部”“新加坡轨道交通工程大士西延长线1686项目经理部”两个项目部。

项目公司领导层7人。设经理1人，常务副经理1人，副经理4名，总工程师1人。其中分管施工生产副经理1人，C1687、C1686项目经理各1人，分管合同财务副经理1人，总工程师分管技术与质量。

项目经理部下设8个业务部门。分别是行政人事部、安全部、工程部、物资设备部、技术中心及YWL咨询、合同部、财务部。

标段项目部下设6个部门，分别是办公室、施工部、安全部、质量部、合同部、测量队。预制梁场、车站和运架项目部按照工程实际设置相应部门。

二、项目机构职责

（一）项目总监和项目经理职责

在新加坡建筑行业，项目总监是一个项目的领导人和决策者，负责项目全面管理工作，选择项目管理团队，控制人员、技术、财务资源，确保项目按时完工，一般由企业内派员工担任。

项目经理是在项目总监领导下工作，负责项目的施工进度、安全、质量，负责与业主、设计院、监理以及分包商之间的沟通、协调，保证项目按计划完成。新加坡有许多职业经理人，外国公司可以聘请当地职业经理人来担任项目经理，进行项目管理。

在新加坡项目部，C1686 标或C1687 标项目总监和项目经理为一个人，就是国内通常意义上的项目经理，负责项目全面管理工作。

（二）工程公司项目经理职责

工程公司项目经理作为工程公司项目第一责任人，全方位统筹项目工作，在制定方案、计划、制度等过程中，发挥着决定性作用。其主要职责：

1.组织项目总体施工组织和施工方案编制，组织图纸深化设计会审，做好现场施工布局准备工作与技术负责人一同主持编制工程施工计划及各阶段计划，做好施工过程中的组织协调工作；

2.做好分包商的调查比选工作，配合公司劳务管理部选择好分包商；

3.深入施工现场，加强现场施工生产与协调工作，是现场施工进度、安全、质量及其他情况直接负责人；

4.认真落实物资、经营管理制度，严格控工料消耗和费用支出，是项目成本管理直接负责人；

5.组织项目日、周、月生产调试会议，分析施工生产情况，制定并落实会议决定事项；

6.协调与新加坡局项目部及子公司项目部关系，为施工生创造良好环境，协调好与设计、监理及业主关系；

7.做好分包商管理工作，保证现场工作有序开展；

8.配合局指做好对上变更索赔，管理好分包合同，做好分包反索赔工作；

9.配合好公司、新加坡分公司，做好后续投标工作；

10.完成公司领导及机关各部门下达的各项工作。

（三）施工经理工作职责

1.协助项目经理对各区间的现场管理人员进行配置和更换等；

2.对整个项目部各个施工区间的施工生产工作做总体安排、部署和把控，确保整个项目部的施工生产有序开展和进行；

3.对整个项目部的施工机械、材料、工人以及各个分包的资源在各个施工区间做好协调和调配，确保资源利用的合理化和最大化；

4.对重要的施工方案问题、图纸设计问题、质量问题，需组织施工、设计与技术团队及时解决。

（四）现场经理工作职责

1.明确和细化现场工程师和督工的工作分工；

2.制定科学合理、切实可行的本施工区间阶段性施工计划、单项工程施工计划及每周施工计划，作为控制本区间工程进度指导性文件，并负责抓好落实；

3.深入参与有关技术工作和施工图等工作，保证技术工作和施工图纸问题超前施工生产，这样施工生产才能顺利进行；

4.合理安排和利用本区间各种施工资源，协调好各分包单位之间的施工活动；

5.处理好与业主现场管理人员、监理工程师、现场监理、各分包管理人员的工作关系，创造良好的施工环境和氛围。

（五）安全管理职责

1.编制、实施并监督项目的安全健康环境管理系统、安全工作流程及安全操作规程；

2.调查各种安全事故、事件；

3.对工地实施日常的、例行的安全检查，及时纠正安全隐患，跟踪落实项目领导层提出的安全问题，做好现场安全记录；

4.召开日常的、例行的“工具箱会议”；

5.审核施工方案和风险评估，包括起重计划；

6.协助项目经理领导项目的应急救援工作；

7.召开项目每月安全委员会会议和周安全会议；

8.参加LTA 安全会议并向LTA 提交月度安全健康环境报告；

9.对项目的施工机械和劳动力进行初步统计；

10.组织各种安全教育培训工作。

（六）环保管理职责

1.监督和落实影响人身健康的环境问题，主要是建筑和食物垃圾处理，虫害（蚊子、苍蝇和老鼠等）处理，噪声控制，空气和水污染控制等；

2.检查与环境控制有关的实施设备设施，确保它们处于良好状态；

3.对工地的环境健康保护进行常规检查，及时指出并帮助解决相关环保问题；

4.编制项目的现场环境控制计划等文件；

5.实施与环境控制相关的各种培训；

6.每月向LTA 提交环境控制报告；

7.就水沟改移和PUB 人员进行沟通，并配合NEA 和PUB 人员对工地环境和水沟的检查。

（七）质量管理职责

1.编制、实施并监督项目的ISO 质量管理体系；

2.检查现场材料和现场工作是否符合标准要求；

3.依据新加坡M&W 规范，定期安排现场材料试验，控制现场材料质量（如混凝土，钢筋，套筒等）；

4.报告不合格品情况，检查所采取的措施效果；

5.协助优化报检工作和试验工作；

6.协助定期的内部审计工作；

7.检查、核对内部审计出现的问题的纠正措施；

8.汇报业主或监理缺陷工作和不合格事项，并负责检查纠正工作实施情况。

第三节　施工顺序、流水段划分

Section 3　Construction sequence and Flow Section Division

新加坡轨道交通大士西沿线C1686项目主要包含EW32和EW33两座高架车站以及一座约1.8km长的轨道高架桥施工。还包括有Pioneer RD和Tuas West Drive沿线道路的延伸拓展线和现有公路的修复线。主要实物工程量为：两座单层式车站、1.8km铁路高架桥，钻孔桩 655根，承台291个，墩柱113根，盖梁77片，预制铁路箱梁144片（共1476个铁路梁节段）。现浇混凝土8.5万m^3，钢筋1.1万t，钢结构1200t。

根据施工内容，按结构和车站划分的主要的施工顺序如下：

1.主线施工顺序：地质勘探→桩基施工→承台施工→铁路桥墩柱施工→铁路盖梁施工→预制铁路箱梁吊装→桥面系施工。

2.车站施工顺序：地质勘探→桩基施工→承台施工→铁路桥墩柱施工→车站底板施工→车站现浇结构墙板施工→铁路桥墩柱施工→车站上部结构墙板施工→铁路盖梁施工→预制铁路箱梁吊装→车站主体钢结构吊装施工→二次结构施工→装饰装修施工。

新加坡轨道交通大士西沿线C1687合同段，全线长大约4.8km，全线分为4个施工区。其中主要包含EW31高架车站一座，单层公路高架桥约1.2km，公铁两用双层高架桥约2.4km，5座匝道桥总计长约2.3km，双孔涵洞约660m，以及其他附属和沿线修复工程。主要实物工程量为：方桩374根，圆桩479根，预制桩 4087根，承台203个，公路桥墩柱90个，公路桥盖梁86个，铁路桥墩柱57个，铁路桥盖梁57个，匝道桥承台50个，匝道桥墩柱50个，匝道桥盖梁42个，双孔涵洞约660m，预制铁路箱梁1274个节段，预制公路箱梁4475个节段。共计现浇混凝土约19万m^3，钢筋约6.1万t，钢结构约600t。

根据施工内容，按结构和车站划分的主要的施工顺序如下：

1.主线施工顺序：地质勘探→桩基施工→承台施工→公路桥墩柱施工→公路盖梁施工→铁路桥墩柱施工→铁路盖梁施工→预制铁路箱梁吊装→预制公路箱梁吊装→桥面系施工。

2.车站施工顺序：地质勘探→桩基施工→承台施工→公路桥墩柱施工→车站底板施工→车站现浇结构墙板施工→公路盖梁施工→铁路桥墩柱施工→车站上部结构墙板施工→铁路盖梁施工→预制铁路箱梁吊装→预制公路箱梁吊装→车站主体钢结构吊装施工→二次结构施工→装饰装修施工。

一、桩基施工方案

C1687项目共方桩374根，圆桩479根，预制桩 4087根。方桩采用专门的洗槽机施工，圆桩采用旋挖钻机成孔。钻孔时采用膨润土泥浆进行护壁。

（一）钻孔灌注桩施工工艺流程图

钻孔灌注桩施工主要工艺流程图如5–1所示，下面针对钻孔灌注桩进行较为详尽的介绍。

（二）主要工序施工工艺要点

1.施工准备

施工前应进行场地平整，清除杂物，钻机位置处平整夯实，准备场地，同时对施工用水、泥浆池位置，动力供应，施工便道，做统一的安排。测量放线，应根据设计图纸用全站仪在现场进行桩位精确放样，在桩中心位置打设木桩，并进行保护，放线后由现场工程师进行复核。

2.护筒的制作与埋设

护筒因考虑多次周转，采用3～10mm钢板制成。埋置护筒要考虑桩位的地质和水文情况。为保持水头，护筒要高出施工水位（或地下水位）1.5m，无水地层护筒宜高出地面0.3～0.5m，为避免护筒底悬空，造成塌孔，漏水，漏浆，护筒底应坐在天然的结实的土层上（或夯实的黏土层上），护筒四周应回填黏土并夯实，护筒平面位置的偏差应不超5cm，倾斜度偏差小于1%。护筒埋置深度：在无水地区为2倍的护筒直径，在

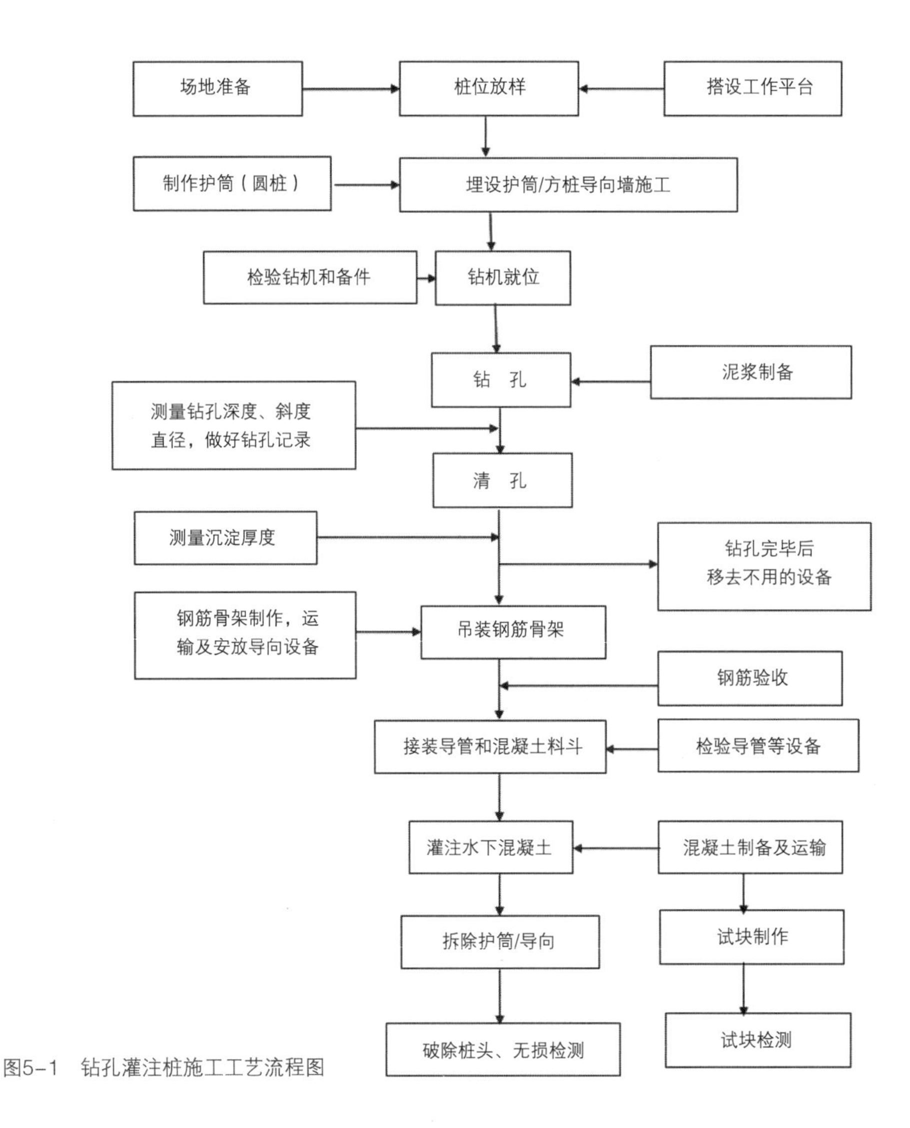

图5-1 钻孔灌注桩施工工艺流程图

有水地区入土深度为水深的1倍（无冲刷之前）或者能确保护筒在施工期间保持稳定的深度为止。在岸滩上埋设护筒时应在护筒底口下及四周围填黏土，并分层夯实，可用锤击、加压、震动等方法下沉护筒。

方桩导向墙施工放样时，按照每轴向尺寸比设计尺寸扩大50mm的标准放样，开挖导向墙基坑后，安装模板浇筑导向墙。导向墙强度达到设计强度的75%以上后，回填并夯实墙后缝隙，并用G20素混凝土硬化墙后开挖部分表面以防止桩基开挖施工期间因墙后积水导致导向墙下层或倾斜。

3.泥浆制备和循环利用

泥浆在钻孔中起护壁和悬浮钻渣的作用。泥浆采用专门的泥浆材料在现场进行配置，现场配备专业的泥浆循环系统，试验室定期对泥浆性能进行检查，及时进行调整。

钻桩过程中，用浑水泵将桩孔中的泥浆泵送到泥浆过滤器中分离石渣和泥浆液。分离出的石渣跟其他泥土一起装车运出工地丢弃，分离出的泥浆经过二次澄清后汇入泥浆搅拌池，根据检测结果添加适量的造浆材料，搅拌均匀后泵入泥浆存储罐备用。

4.钻孔

根据地质情况选用刮刀钻头或钉齿钻头，施工中保持减压钻进，以保证成孔的垂直度。利用钻具旋转切削土体钻进，泥浆输入钻孔内，然后在钻头的钻杆下口吸进，通过泥浆泵从钻杆中心排出至泥浆处理器中。钻孔过程中严格按照招标文件、技术规范、图纸要求和施工技术规范、钻孔操作规程进行、并经常进行检测和校正工作，特别在卵石层施工时必须严格控制钻孔进度，随时检查是否漏浆，保证成孔质量。

5.清孔

清孔的目的是清除钻渣和沉淀层，尽量减少孔底沉淀厚度，防止桩底存留过厚沉渣而降低桩的承载力，为灌注水下混凝土创造良好条件，使测深正确，灌注顺利。钻孔达到要求标高后，先用取渣筒取渣，然后采用泥浆管道直插孔底，压入新鲜泥浆进行正循环清孔，直到满足要求。

6.钢筋笼制作及吊装

钢筋笼采用加工场统一加工，制作时均须在型钢焊制的骨架定位平台进行，以保证制作的钢筋笼的整体直度及主筋搭接接长时的对位度。采用吊车配合安装，现场在孔口采用挤压连接器连接下放，缩短孔口操作时间，避免塌孔事故的发生。当底节骨架下降到孔口上只有一个箍圈时，用钢管将骨架临时支承于孔口，此时可吊来第二节骨架进行连接，连接完毕后，稍提骨架，抽去临时支承，将骨架缓慢下放。注意不要碰撞孔壁。下放钢筋笼时，在钢筋笼内部间隔一定距离焊十字撑，以提高钢筋笼的刚度。钢筋笼顶部通过钢筋与护筒口焊接相连，以预防钢筋笼在混凝土灌注过程中上浮。

7.水下混凝土灌注

灌注混凝土前，检测孔底沉淀厚度，大于规范要求时，须再次清孔。混凝土采用拌和站拌和，搅拌运输车送至现场。运至灌注地点时，检查混凝土的均匀性和坍落度，合格后，卸入料斗中，当地形受限时，可用输送泵配合灌注。导管为直径30cm、壁厚10mm的钢管，浇筑前要复核导管长度，进行必要的水密、承压和接头抗拉试验。因导管很长、自重大，尤其是要确保接头的抗拉力满足要求，导管用高密封快插接头连接，用卡子固定好后，安设漏斗，导管底部至孔底有40cm的距离，且首批混凝土的数量由计算确定，满足导管初次埋置深度≥1m的需要。

灌注时，先将漏斗用水湿润，向内灌一盘1∶2的水泥砂浆，再用混凝土将漏斗装满，使下去的混凝土确保能埋住导管至少1m以上，然后拨球，在导管内混凝土顺管下落的同时，随即迅速将漏斗内以及搅拌运输车内的混凝土注入导管，以增加导管的埋深，防止导管内进水。为防止钢筋笼被混凝土顶托上升，在灌注下段混凝土时应尽量加快，当孔内混凝土面接近钢筋笼时，应保持较深的埋管，放慢速度，当混凝土进入钢筋笼1～2m后，应减少埋入深度。灌注过程中不得停顿，以保证桩的质量。灌注时及时拆除埋深了的导管，经常用测深锤检测孔内混凝土面位置，管底应在混凝土面下2～4m，最深不得超过6m，及时调整导管埋深，不要埋置过浅或过深，以免造成质量事故。溢流出的泥浆应回收至储浆罐，禁止随意排放，污染环境。

灌注到桩顶，应使桩顶标高高于设计标高50～100cm，防止顶部浮浆较多，出现“虚桩”而接桩，因此施工中按超灌1m控制。

灌注过程中对混凝土的匀质性和坍落度进行检查，设专人定时测量混凝土面的高度，计算导管的埋置深度，做好灌注记录，记下灌注过程中的灌注时间、盘数、方量、导管埋深和故障处理时间等情况，同时认真做好混凝土试块并按要求养护。

8.拆除护筒、验桩

将护筒周围的土方挖除后即可拔除护筒。护筒拔出后将桩头上的浮浆和松散部分全部凿除，直至标高符合设计要求和表面无松散现象。桩头凿除后，采用超声波动测法对桩身质量进行检测，确保每根桩的质量符合设计和规范要求。

二、承台施工方案

C1687项目共有大小承台203个，其中高架区间承台138个，EW31车站承台65个。承台结构为矩形，最大尺寸为16.8m×9.2m×3.5m，承台平均埋深2m左右。

承台模板采用平模，进行一次性浇筑。

（一）施工工艺流程图

承台主要施工工艺流程如图5-2所示。

（二）各施工工艺要点

1.基坑开挖

承台施工在桩基施工完毕并经检测合格后，进行承台施工。按钢板桩支护设计图纸

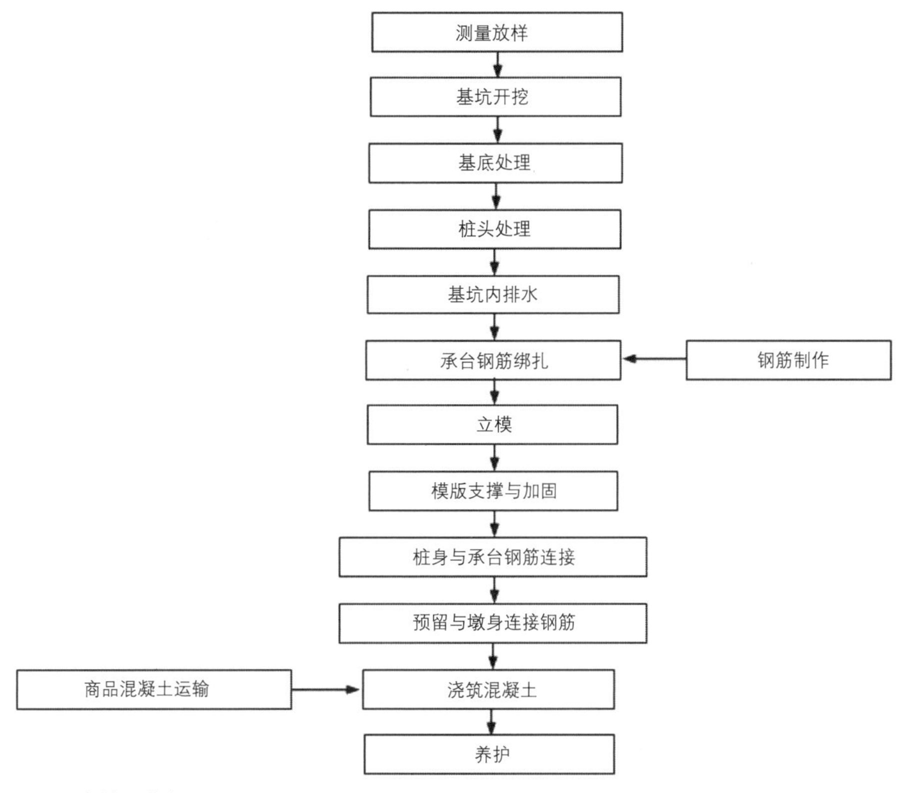

图5-2　承台施工流程图

准确放样后，插打钢板桩形成闭合的保护面，完成钢板桩安装后即可进行基坑开挖。基坑开挖应分阶段进行，第一阶段开挖至钢板桩上层横撑底部标高位置，按设计支撑结构安装第一层横撑使整个钢板桩支护结构达到稳定受力状态。继续第二阶段开挖至承台低标高以下150mm标高，铺设碎石垫层和素混凝土垫层。对于部分埋深较深的承台，可能需要两层或以上的横撑结构，这类承台基坑开挖应按照每阶段开挖至横撑底部标高→安装横撑的顺序进行，直至开挖到承台低标高以下150mm为止。基坑开挖一般采用机械开挖，并辅以人工清底找平，基坑的开挖尺寸要求根据承台的尺寸，支模及施工操作的要求等因素进行确定。当开挖深度大于4m时，必须采用钢板桩防护。所有的基坑开挖方案须由专业的PE设计师进行设计，按照设计进行施工。基坑顶面应设置防止地面水流入基坑的措施，如截水沟等。

2.承台底处理

当承台底层土质有足够的承载力，又无地下水时，可按天然地基上修筑基础的施工方法进行施工。当承台底层有地下水，且土质为松软土时，需排出地下水，并挖除松软土，换填10～30cm厚砂砾土垫层，使其符合基底的设计标高并整平。

3.钢筋、模板施工

钢筋应按设计图纸及规范要求下料、成型和绑扎。墩身的预埋钢筋位置要准确、牢固，钢筋的搭接长度要满足规范要求。调整桩顶钢筋，做好喇叭口。模板采用组合钢模，纵、横肋采用型钢，以保证使模板有足够的强度、刚度和稳定性，能可靠地承受施工过程中可能产生的各项荷载，保证结构各部形状、尺寸的准确。模板内设拉筋，周边用钢管或方木支顶牢固。模板要求平整，接缝严密。

4.混凝土浇筑

对于尺寸较大的承台，因混凝土方量较大，应按大体积混凝土进行施工。为防止承台混凝土结构因水泥水化热引起的热升温，引起内外温差过大而产生裂纹，应优化混凝土配合比，改善和提高混凝土和易性，延缓水泥水化热峰值出现的时间。

混凝土采用商品混凝土，混凝土罐车运输，输送泵辅助溜槽灌注。混凝土应分层连续灌注，一次成型。分层厚度为30cm左右，分层间隔灌注时间不得超过混凝土初凝时间，混凝土振捣采用插入式振捣器，振捣深度应超过每层的接触面一定深度，保证下层在初凝前进行一次振捣，使其具有良好的密实度。承台混凝土灌注完毕后，开始抹面收浆，待混凝土初凝后，用土工布覆盖洒水养生。

三、墩身施工方案

C1687标段共197根桥墩，公路桥墩柱90个，铁路桥墩柱57个，铁路桥盖梁57个，匝道桥墩柱50个，最大墩高12m。施工采用系统模板施工，根据现场条件，控制浇筑速率一次浇筑。混凝土输送车运输，混凝土输送泵泵送入模。

（一）施工工艺流程图

墩身主要施工工艺流程如图5-3所示。

（二）各施工工艺要点

1.测量放线

因承台施工时已经预埋了墩柱的竖向主筋，墩柱施工时测量放样需要核查承台顶所预留的墩柱钢筋位置是否符合墩柱的设计要求。放样时，在基础（或承台）顶面准确放出墩台中线和边线，考虑混凝土保护层后，标出模版就位位置。若发现承台施工所预

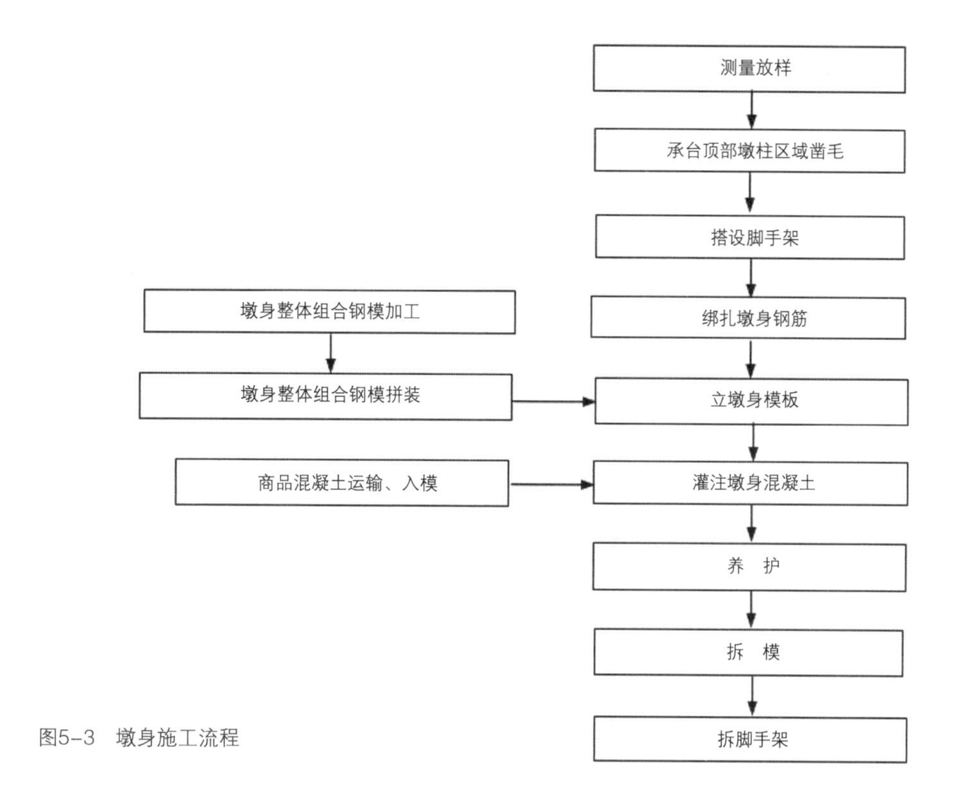

图5-3　墩身施工流程

留的墩柱钢筋与设计位置有偏差时，需要通过现场调整或重植钢筋的方式以满足设计要求。

2.钢筋绑扎

在设计钢筋配料单时，需要根据M&W规范的要求，对搭接头错位放置。同一截面的钢筋接头数量不得超出规范要求的数量。

将加工好的钢筋运至工地现场绑扎。随着绑扎高度的增加，用钢管搭设脚手架进行绑扎，做好钢筋网片的支撑并系好保护层垫块。

3.模板安装

墩身模板采用专业厂家加工的定型模板，圆柱模板采用两个半块合成，在使用前涂以脱模剂，拆除后重新使用时要清除所有污物、砂浆，再均匀涂脱模剂。模板连接处应夹橡皮以防漏浆。模板安装后应设置足够定位支撑和缆风对拉，确保混凝土浇筑过程中稳定。模板加固结束应经测量工程师检查平面尺寸、标高及垂直度；混凝土浇筑前应重新清洗柱底污物，再以水泥砂浆塞缝，砂浆达到一定强度后方可浇筑混凝土。

4.混凝土浇筑

浇筑混凝土前须进行测量复核，检查模板尺寸、平面位置及高程是否准确，若有偏差，应及时校正。待钢筋模板报验完成符合要求后，即可浇筑混凝土。混凝土由商混站集中拌和，混凝土罐车运输至桥位，用混凝土输送车送混凝土入模。若墩台身较高，应分层浇筑。混凝土下落高度超过2m时，要使用漏斗、串筒。混凝土应分层、整体、连续浇筑，逐层振捣密实。混凝土浇筑时要随时检查模板、支撑是否松动变形、预留孔、预埋件是否移位，发现问题要及时采取补救措施。混凝土浇筑完成应适时覆盖洒水养生。

四、盖梁施工方案

C1687标段盖梁共185片，其中公路桥盖梁86片，铁路桥盖梁57片，匝道桥盖梁42片。除设计类型为TYPE 11和TYPE 33的公路盖梁（共计56片）计划采用预制生产的施工方法外，其余各类型盖梁均采用现浇施工方法。

（一）现浇盖梁施工工艺流程图

测量放样→搭设支架→安装底模→绑扎钢筋骨架→安装侧模→安装预埋件及预留孔模板→浇筑混凝土→混凝土养生→拆模。

（二）预制盖梁施工顺序图

盖梁壳中间节段吊装→盖梁壳中间节段混凝土浇筑→中间节段第一阶段永久预应力张拉→铁路墩柱施工→铁路盖梁施工→铁路节段梁安装→边节段盖梁壳安装→临时预应力安装→边节段混凝土浇筑→盖梁第二阶段永久预应力张拉→临时预应力放张。

（三）各施工工艺要点

1.测量放样

放样前，应先复核墩柱的平面位置及高程是否准确，合格后，按设计图纸要求准确放出盖梁的中线及边线。

2.搭设支架

墩柱施工完成后，搭设盖梁支架。支架系统由专业的PE进行设计，现场根据设计图进行搭设，并由PE设计师现场确认签字后，方可使用。

3.安装底模

支架顶托标高调整完毕后，即可安装横梁，横梁采用工字钢，待横梁安装完毕，最后再测控制点标高，其余拉线校验，然后安装底模。根据测量人员放出的盖梁边线确定侧模的位置，按照侧模上拉杆的位置，适当调整部分间距，使得拉杆不与方木相重叠，然后吊装底模，最后将各块底模连成整体，底模联系要牢固、平顺。

4.钢筋加工及安装

盖梁钢筋，在钢筋加工场统一加工制作，运至现场在模内绑扎成型。为确保保护层厚度，在侧面和底面绑足够数量的混凝土垫块。

准备钢筋下料单时，需要将根据设计要求，将所有与预留预埋原件存在冲突的钢筋提前做好处理，尽量避免在现场裁切钢筋作业。

5.安装模板

模板采用大块拼装钢模板，对称吊装侧模，并穿上、下对拉拉杆，再吊端模，并将拉杆穿入预留孔内，分别旋紧螺母即可，在端模外用木楔顶紧并拉住端模，同样上紧侧模，为防止漏浆各块模板连接处都要放橡胶条，最后检查模板尺寸，通过对拉螺栓调节，直至完全符合标准。

6.浇筑混凝土

浇筑混凝土前应对模板平面位置、尺寸及标高进行复测。准确无误后方可浇筑混凝土。混凝土的浇筑采用罐车运输，输送泵车入模的方式浇筑。要保证混凝土的和易性和坍落度。浇筑采用水平分层，下料时要连续均匀铺开，浇筑方向是从盖梁的一端循序进展至另一端。分层下料、振捣。用插入式振捣棒一次振动厚度不能超过30cm，以保证混凝土振捣密实。混凝土振捣密实的标志是：混凝土不再下沉，无显著气泡、泛浆。浇筑完混凝土表面压光后覆盖土工布洒水养生。

五、桥梁架设方案

根据项目现场条件和总体工期要求。铁路梁采用高位拼装，整孔落梁方式。公路梁采用平衡悬臂拼装方式。公路和铁路节段运输采用公路汽车运输。

计划采用两台铁路架桥机架设铁路梁节段，采用两台公路架桥机架设公路节段梁，采用桥面吊机拼装匝道桥节段梁。

第一台铁路梁架桥机在P043-P044墩柱的西侧组装上桥，计划2013年12月30日开始从P044向P037方向双线架设铁路梁节段，然后折返架设P044至P064双线的节段梁。按照5天一片的架设进度，第一台架桥机完成架设任务的时间为2014年9月20日。

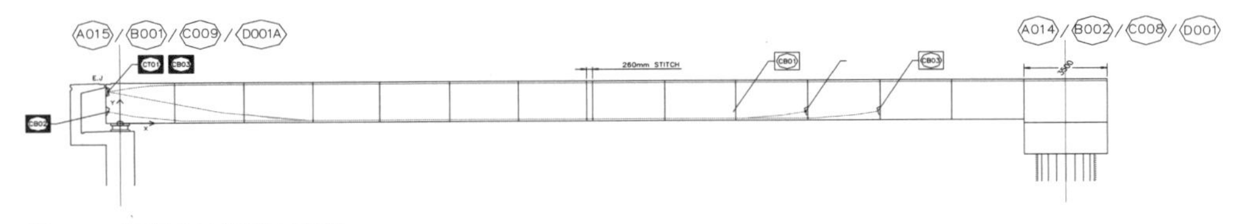

图5-4　匝道末孔梁跨示意图

公路架桥机两台同时在M021－M023东侧的拆迁工厂区域内组装。计划2014年2月15日在M019上桥，先从M019向M001方向架设内线公路梁，至M001后架桥机移至外侧，架设外线公路梁直至M019，再次将架桥机移至公路内侧，架设从M019至P087墩柱间的内线公路梁，完成后移至外侧，架设从P087至M019墩柱间的外线公路梁。

在铁路架梁完成后，相关施工人员转场开始架设公路匝道桥。匝道桥采用桥面吊机架设，架设顺序根据下部结构完成的先后顺序进行实时调整。不同位置匝道末孔梁跨如图5-4所示。

六、桥面系及附属工程方案

桥面附属按架梁区段分单元施工。由于受到运架梁作业空间的制约，在保证架梁工效的情况下，桥面系利用运架梁间隙，紧跟架梁进行流水作业。

伸缩缝采用型钢伸缩缝，安装前检查伸缩装置预留槽及预埋钢筋尺寸是否符合要求，不符合时应及时调整。

将伸缩装置的锚固装置焊接在预埋钢筋上。

伸缩装置正确焊接就位后，应在伸缩缝锚固环与预埋“U”形钢筋之间焊横筋。

清除预留槽内杂物，浇钢纤维混凝土，并与路面抹平，混凝土桥面终饰层可高于伸缩缝顶面2mm，但不能低于伸缩装置顶面。伸缩缝安装时应避开最高温度时间进行，伸缩缝的安装温度为18～20℃，安装时，应按当时气温确定伸缩缝净宽值。

七、车站施工方案

EW31车站为三层车站，位于先锋路正上方。在检票大厅层由两座天桥连接公路两侧公交和出租车站台的引桥。

车站结构采用钻孔灌注桩基础、独立基础，主体框架部分主要为现浇钢筋混凝土结构、部分预制安装框架梁和楼面板；钢桁架屋顶。

工程总施工顺序安排：

场地平整、围挡搭设→测量放线→桩基础施工→上部结构→屋面钢桁架施工→室内外装饰、安装工程施工→拆架→室外工程→清理交工。

其中钢筋混凝土结构按：投点放线→复核→施工缝处理→柱绑扎钢筋→验收→柱模板安装→验收→柱混凝土施工→施工缝处理→梁、板支模→梁、板绑扎钢筋→验收→混凝土浇筑→养护→上层钢筋混凝土施工。

钢桁架结构：施工准备→加工制作→放线→搭设拼装平台→现场分段吊装→整体拼装。

砌体施工：清理→放线→拉结钢筋调整到位→砌筑墙体（墙内管道及预埋件预埋）。

建筑装饰装修工程按：结构处理→放线→贴灰饼冲筋→立门窗框→各类管道水平支管安装→墙面抹灰→管道试压→楼面装修→墙面及顶棚面层装修→吊顶安装→安门、窗扇、油漆→灯具、洁具安装→调试→做地坪→清理→交工。

现浇钢筋混凝土柱、墙采用大块整体钢模、现浇梁及楼面板采用竹胶板立模、泵送商品混凝土。所有的预制构件在预制场集中预制，采用塔吊或吊车安装。

第四节　管理风险分析及对策

Section 4　Manage Risk Analysis and Counter Measures

一、分包选择风险及应对措施

项目分包模式以专业分包为主，但个别分包队伍的技术水平较差、整体素质偏低，忽视对工程项目的系统性管理，不认真对待工程，甚至为了追求更高利润，在材料使用中以次充好等，大量增加了我方的法律风险。

应对措施：在分包商的选择上，要严格按照合规管理要求，要求分包填写第三方调查问卷和合规申明等资料，做好采购相对方的风险评估工作，同时在合同签订时要求对方签订《诚信合规协议》，从资质、信誉、业绩、实力等方面选择资质标准高、施工能力强、服从管理的优质分包商。

二、分包谈判风险及应对措施

合同谈判时因分包工作内容不全、工程量不足及技术要求不明确导致施工过程中出现大量分包变更索赔等分包谈判风险；因对新加坡本地费用及工料机消耗的认识不够充分引起的价差风险，可能会导致分包合同单价超出分包成本价。

应对措施：在分包询价谈判期间，一方面对分包的工作范围、工作界面，工期、施工方案、资源配置等进行梳理，理清与分包的界面；另一方面做好成本自测，通过自测成本对单价偏高的工料机进行有指向性的监控与调节。同时做好现场功效的测算工作，将自测成本逐步精准化，对工作内容和单价更加详细的摸底，尽量在谈判时，做到心中有数，从源头上最大限度地降低分包谈判风险。

三、分包索赔风险及应对措施

分包可能会以单价过低或工程量的变化要求我方进行单价调增增加合同外费用等变更索赔风险。

应对措施：在合同签订过程中，要充分明确分包内容，制定翔实分包清单，确保工作内容涵盖全面，要避免合同外费用的发生，对确实因我方原因产生的合同外费用要及时清理，以免累积产生索赔风险。同时在合同签订时增加相应约定条款以限制分包中途放弃履约或不完全履约等情形；在合同实施过程，要加强管理服务，强化施工组织，避免窝工，确保连续施工。加强对分包商施工中的安全质量过程管控，做好过程记录，及时发给对方确认，合理消除我方风险，确保工程平安优质。

四、安全质量风险及应对措施

安全与质量是施工企业永恒的生命线，是工程项目管理的基石，是“一带一路”走向国际的有效通行证，只有质量与安全得到有效的保证，企业的国际之路方可行稳致远。

（一）质量风险

质量的风险在新加坡与国内工程建设方面无天壤之别，但又有其独特性，主要体现在管理、质量标准和施工工艺等三方面，具体如下：

1.管理的风险

（1）组织风险：新加坡工程项目涉及国内派遣人员与本地人员，派遣人员往往对一个新的环境需要一定的时间去适应和了解不同的文化。新加坡本地人员具备国际化，如何将派遣人员与本地人员更好地组织起来、管理起来、融合起来，困难非常大，而组织又是项目管理成功的关键。

应对措施：选派有实力的员工与本地员工亲密结合，熟悉新加坡本地的文化，积极融入新加坡本地员工的沟通管理中，确保组织的高效沟通与运转。

（2）质量体系风险：质量保证体系有效融入新加坡本地人员，国内派遣人员则需适应国际化的质量管理体系、科学接地气的质量目标，健全有效率的质量保证体系、严格的质量控制与保证程序的执行是项目管理成功的根本保证。

应对措施：结合国内的项目管理经理，由本地的项目管理高层制订科学可行的质量管理制度，建立起接地气的质量管理体系，明确质量管理的目标。

（3）技术管理风险：质量的管理是落实科学准确的技术要求和标准，如何将新加坡适用的技术标准把控到位、落实执行，对项目质量控制人员的技术交底是质量控制与保证的重要措施。

应对措施：针对具体的施工项目，有针对性地将新加坡适用的技术标准和质量管理标准逐条列出，对施工人员和质量管理人员进行针对性的技术交底和培训，确保技术标准明确可行。

（4）质量控制风险：对质量标准与规范的理解程度、对技术指标的掌握程度、质量管理人员的专业素养、质量管理的程序执行度、质量管理工具的有效性，对质量控制风险起到直接的抑控作用。

应对措施：对施工人员和质量管理人员加强技术培训工作，建立技术标准交底制度，明确质量管理的程序和相关制度，落实质量管理的责任，加强质量管理工具的校核，确保其有效性。

2.原材料质量的风险

新加坡的建筑原材料基本上取决于进口，原材料的选取需考虑供货源的保证情况和质量，确定原材料的供应商应首先取得业主的审批；未经审批的供应商和原材料不得使用；进场材料需进行必要的检测检验；未经检测检验合格的产品不得投入使用。

3.质量标准的风险

质量标准不系统、不清晰，现场控制困难。新加坡项目适用的质量标准种类繁多，以英标（BS）、欧标（EN）、新加坡标准（SS）以及美标（ASTM）为主。在个别领域所适用的标准甚至更为严格，以钢结构为例，业主采用专门针对钢结构的BC 1:2012 标准。在该标准之下，能够使用的材料多以西方标准及新加坡当地标准为准，对采购的要求较高。但是新加坡项目采用的质量标准不系统、内容比较笼统（采用英文，不容易看懂），多数是最终产品要求，缺乏过程控制标准，需要施工单位进一步细化，制定内部验收标准，以控制各工序质量；有的质量标准是工序间的，查不到相关规定。例如，铁路节段梁架设后的标高误差要求为正负20mm，这个数值是和业主磋商后决定的而不是质量标准所规定的。中铁十一局初次进入新加坡建筑市场，还不足够适应项目“不系统、不清晰”的质量标准，导致“工序质量标准找不到或者划分不明确；现场内部工序交接不严格”，最终造成现场质量很难控制。

应对措施：建立统一的质量标准系统，明确项目各项工作对应的标准，应用标准，严格按统一的质量标准进行验收，控制各工序质量。

4.施工工艺与质量监督的风险

（1）现场工程师履行质量监督检查职责不力，导致质量管理被动

首先，现场工程师没有履行好质量监督、检查职责，检查不够仔细甚至只充当“把资料做好、等监理来验收”的报检员；其次，现场工程师质量意识不强，没有摆正质量和进度的关系，只为追求进度，简化质检程序。再次，现场工程师能力不足且怕担责任，怕自己检查分包商质量合格后，而到监理检查验收却得到“不合格”结论而担责。当监理发现钢筋或者模板等有问题需要整改时，若分包商水平比较高，就少耽误点时间，若分包商水平比较低，就多耽误时间。

应对措施：明确工程师的质量责任与质量监督的义务，对工程师进行相关的质量培训，增强其质量管理意识；处理好工程质量与工期的关系，完善合格的质量检查验收程序。

（2）质量责任不明晰或落实不力，导致质量问题责任认定困难

缺少相关制度文件清晰界定各方质量责任，或因管理不到位（未及时调查质量问题、现场质量记录或文档资料管理不规范）导致质量责任落实不力。现场有时发生质量问题后，材料供应商、分包商互相扯皮，而且经常牵扯到总包，质量问题责任难以界定。

应对措施：项目开始前，明确各方的质量责任，加强过程的质量问题记录、整改情况追踪等，有效区分材料与专业分包的质量责任，落实其履行质量责任的相关举措。

（3）质量管理制度落实不严、作业人员技能较差，质量通病时有发生

尽管技术及施工方案简单，但因质量管理各项制度（责任制度、技术交底制度、监督检查制度、质量缺陷处罚制度等）落实不严、作业人员技能较差，导致施工工艺难以落实或控制不细，质量通病时有发生。例如，桩基成孔偏斜、移位，混凝土表面蜂窝、麻面、孔洞、漏筋、缺棱掉角，预应力当中的超张拉、钢绞线断丝等质量通病时常发生、屡禁不止而造成混凝土质量缺陷，既增加了后期处理费用、浪费了人力，还推迟了工期。

应对措施：完善质量管理制度，选派技术能力强的作业人员，落实技术交底制度，确保交底至工班组；同时，加大质量监督检查，降低质量通病发生的频率。

（4）因利益考量而采用落后的施工工艺，导致质量控制先天不足

因合同没有明确规定车站结构必须使用钢模板，分包商图省钱使得车站结构大部分模板采用胶合板背后加肋、对拉螺杆拉结，简易脚手架支撑，施工时模板刚度不足，易变形；车站线下结构施工中，墙板柱大面不平整、错台多，后期修补工作量大，也给装修工作带来难度。

应对措施：分包采购前，应明确分包的工作范围和质量责任，严格筛选有资质有经验的专业分包单位承担项目专业分包任务，加强过程施工质量的检查与验收，确保专业分包单位履行合同有关的质量责任。

（5）工序交接界面质量责任不清，导致成品保护措施不力而容易损坏

新加坡项目施工涉及许多工序交接界面，有的牵涉多个施工单位、有的存在于同一施工单位内部。由于工序交接界面质量责任和交接手续不清，导致成品保护措施不力甚至作业人员野蛮施工而容易损坏成品。后道工序施工损坏前道工序的情况时有发生，尤其是不同分包商之间、交叉施工时，更是容易发生损坏成品的质量问题。

应对措施：明确涉及工序交接的相关施工单位或责任单位，建立交接的程序和标准，明确交接各方的界面责任，落实成品保护的实质措施。

（二）安全风险

1.安全管理主分包职责不清，导致安全管理效果不佳

项目在和本地分包签订合同的时候，特别是早期的合同，主分包安全职责约定不是很清楚，结果很多该分包负责的安全事项或比较难以完成的安全事项变成了主包工作，加大了现场管理的难度。而和内部子公司的分工，则存在另一个极端，一些该主包承担的职责则全部推给子公司，结果造成项目什么都管、负担很重、但都没管好的局面。

应对措施：严格筛选安全表现良好的专业分包单位，并在合同中明确总分包各方的安全责任与义务。

2.全员管理意识不强、职责不明晰而导致难以实施全员参与安全管理

在新加坡当地实行的是全员参与安全管理，安全人员起咨询、建议和监督的作用，绝大部分施工人员能够做好本职安全工作，且达到较高标准；而国内许多施工人员全员管理意识不强，认为：现场安全是安全人员的事情，没有摆正自身位置；同时，对各级施工人员的安全责任不具体、不细致，过于笼统，可操作性不强，造成每个人的安全责任界限不清、目标不明、承担的安全责任不够。各类各层次人员之间经常发生推诿、扯皮情况，难以做到全员安全管理。

应对措施：加强各级安全管理人员的安全教育培训，增强全员安全管理意识，明确

各级管理人员的安全责任。

3.不能完全按照安全规程、安全标准作业，造成安全隐患较多

安全教育和培训效果不佳，安全工作没有入脑入心，没有真正把安全的重要性摆在“第一位”，现场不能完全按照安全规程、安全标准作业，遇到问题完全按照经验来处理，甚至图省事“走捷径”“打擦边球”，施工现场时常发生“出现事故老是想着隐瞒、安全工作是安全人员是事情、我们在国内那么做的、我们的进度很赶等”不正确的做法或说法，造成全事故较多且难以根治。

应对措施：加强安全教育和培训，建立完善的安全作业标准，完善安全规程，加强安全措施的检查。

4.安全管理及奖惩措施不到位，导致类似安全问题经常重复发生

因对各级各类组织和人员的安全管理及奖惩措施不到位，导致只顾追求工程进度和经济效益而忽视安全风险，因而不符合常规安全标准要求的安全问题经常重复发生。例如，施工现场经常发生高空作业栏杆扶手没有及时安装、开口没有及时遮盖封闭、作业环境杂物多、清理不及时等安全问题，而且是反复整改、反复出现，得不到根治。

应对措施：制定针对各级各类组织和人员的安全管理及奖惩措施，加强安全考核，落实奖罚制度。

5.对特殊工种持证上岗、施工许可证签认制度认识不到位而导致制度执行不力

项目部的现场管理人员特别是子公司的管理人员受制于资源、人员，更受制于国内形成的粗放式管理方式而导致施工计划随意性强、临时变化大，对特殊工种持证上岗、施工许可证签认制度认识不到位，从而造成不持证上岗和施工许可证不能及时申请等情况发生。 未持证上岗主要是指各种特殊工种人员（各类机械司机、高空作业人员，起重人员，焊工、电工等）没有相关的证书，但却又在现场从事相应工种的作业。未及时签认施工许可证主要是指没有按照陆交局（LTA）的要求在每天施工前申请相关的施工许可证。施工许可证主要有高空作业施工许可证、起重施工许可证、热工施工许可证和脚手架施工许可证等。

应对措施：建立特殊工种持证上岗制度，落实施工许可证签认制度，加强制度的有效执行。

6.就安全管理问题和业主、监理沟通不顺畅，导致管理难度加大且造成时间和金钱的浪费

新加坡的通用语言是英语，国内派遣来的各级人员，书面交流还可以，但口语是弱项，这导致我方人员就安全管理问题和陆交局（LTA）、监理进行会议及其他沟通的时候不能很好表达观点和诉求而处于弱势地位，结果是陆交局（LTA）和监理说什么就做什么，因此做了很多无用功，浪费了时间、金钱。

应对措施：加强内派各级人员的沟通交流能力，尽量选派英语能力强，沟通无障碍的内派人员参与项目的管理。

五、疫情影响风险及措施

一是积极申请新加坡政府劳工税补贴，缓解停工期间工人不能上班或居家隔离带来的食宿、薪资成本。

二是跟进索赔立项情况，积极与业主联系，依据合同条款，按要求准备相关资料，并在复工后合同约定时间内上报业主审核。

三是与分包商应本着互利共赢、相互体谅、相互支持、共克时艰的原则，就疫情状态共同协商更新或者调整工作计划；对已签订合同的分包商上报计价或发票，全部采用邮件发送到项目部，项目部对口部门按照合同条款进行验工计价、支付，避免由疫情停工造成进度延误、超期计价等我方违约问题。对未签订的合同的分包商，合同谈判采用网络会议和邮件方式，主动沟通，及时回复，避免因疫情导致合同谈判搁置、分包涨价、合同签订延误等问题，将把不可抗力带来的工期延长不得索赔费用纳入合同条款，尽量争取我方利益。建议分包商购买疫情相关的保险产品，以便降低劳务工人感染给分包商带来的经济压力。

第五节　施工准备
Section 5　Construction Preparation

一、施工现场

本项目为跨既有公路线施工，涉及现浇盖梁施工临时支架搭设、节段梁短线匹配预制、预制梁平衡悬臂拼装、双层高架现浇施工及车站钢结构拼装施工、大尺寸方桩施工、预制先张梁车站内吊装等。由于设计图纸为概念设计，施工前需要进行大量的设计细化工作，施工准备周期较长。

现浇盖梁形状各异，数量较多，且位于既有道路上方。按照新加坡交通管理部门的要求，既有道路必须保证原通行流量，因而盖梁现浇需要设计门式支架。部分地区受公路限高条件限制，支架主梁不可采用桁架结构。铁路盖梁位于公路盖梁之上，离地面高度约22m且全部为现浇施工，在高空搭设支架的安全风险高。

公路和铁路高架桥梁段采用在预制梁厂内短线匹配预制成型后运输到现场进行拼装的施工方式。施工过程中对测量精度、几何控制和线型控制要求高，且施工人员尚无相关经验。

公路高架节段梁采用平衡悬臂拼装的架设工艺。可采用桥面吊机或架桥机进行作业，考虑到桥面吊机施工过程中体系转换复杂，施工效率较低，本项目采用专门设计的架桥机进行施工。平衡悬臂拼装方法与挂篮法类似，不同之处在于节段与节段间采用环氧树脂胶结并张拉预应力筋临时固定。整个拼装过程中的梁体临时预应力张拉、永久预应力张拉、梁体线性控制、架桥机不同工况下的架设作业等难度较大。

铁路高架节段梁采用预拼成整片后逐跨落梁的架设工艺。先利用专门设计的架桥机将梁段提升到相应位置后用临时预应力筋拼接成整孔梁片，然后整体张拉、落梁。架桥机设计的标准架设跨度为40m，遇56.5m大跨需搭设中间临时支墩进行过渡。

在架桥机作业方面高位落梁、190m半径架梁以及56.5m大跨架梁技术难度大、施工风险高。

二、临时用电

新加坡当地电力能满足预制场施工用电，但成本较高，且由于在既有线附近施工的高架桥基础及下部构造，梁板架设等采用大临用电条件不成熟，路较长，集中用电频率较低，故考虑以柴油电机自发电为主。

三、临时用水

临时用水需由总承包单位向新加坡政府机构PUB申请，获得批准后，在新加坡政府机构PUB地安排安装水表和接水点，施工沿线和预制梁场、生活区需从批准的接水点接水，引入施工生产和生活区。

四、大型施工设施与生活办公

项目组织C1686和C1687联合办公活动板房，距离C1687施工沿线最近距离1.2km，距离C1686施工沿线最近距离200m远，两项目共用一个预制梁厂，分不同的预制生产线；临近预制梁厂靠近公路一侧，修建临时生活宿舍及活动区域。

五、物资设备情况

项目部除少部分工程采用的是劳务分包模式外，高架桥、外部工程等都采用的是整体分包（钢筋与混凝土除外），而且全线使用的均是市电，因此，在设备方面投入相对较少，混凝土采用的是商品混凝土，易于管控。

项目所用的设备主要是租赁的皮卡车、挖掘机、吊车、升降机等。总的来说，这些租赁基本设备较少且变化不大。自购的小型设备仅抽水和洗车用的水泵、通风用的鼓风机。子公司项目部的架桥机、门式起重机等大型设备由子公司自行管理。

第六节　组织协调

Section 6　Organizational Coordination

新加坡项目从流程上有设计阶段、施工阶段协调；从内容上项目通常涉及多家接口分包商协调；从管理上还有对内、对外、对上、对下的各种协调等。协调工作的关键作用体现了新加坡专业分工的特点，这点依旧，也仍是国内经验总承包单位在海外项目管理的短板。新加坡项目接口单位多，在与接口单位进行信息交换时要做好记录，对因为接口单位提供信息不及时不准确产生的工作延误进行准确及时记录，合同商务人员要据实发起索赔流程，积少成多地为项目创造效益。新加坡项目的外部协调工作主要包括征地拆迁、管线迁改、交通道改三项，涉及工厂、道路、电缆水管及燃气管道等产权单位。

一、沿线工厂协调

工程开工以前，需要对影响沿线工程的相关问题提前协调和处理，以确保项目顺利开展。主要包括：提前通知、前期测量、征地租地、噪声管理、纠纷处理等工作。

1.需要通知沿线所有受影响的工厂工程即将开始，并对沿线工厂开展开工前期测量。测量内容包括受影响的建筑，道路，停车位，水沟，以及其他设施。测量的方式分为地形测量和现场图片取证。地形测量由专业测量人员完成；现场图片取证委托具备资质的第三方公司进行，图片内容要求能准确地反映出开工前受影响区域的真实情况，最后所有的图片要形成报告，由PE盖章后正式提交给业主存档。

2.永久征地主要由业主负责协调，按照合同约定工期和现场施工进度需求，要求工厂限期移交征地区域。

临时征地由承包商向业主提出申请，然后业主与承包商一起与工厂主进行沟通协商，协商内容主要包括临时用地区域、对工厂的影响、使用的时间、使用后的恢复。双方现场协商一致以后，承包商准备临时用地边界图纸，使用期限，并上交业主，由业主上交新加坡土地管理局，申请征地法令。征地法令批准以后，书面通知工厂主，按协商时间对临时用地安装围栏。为避免因施工与沿线工厂产生纠纷，需要对受影响的工厂进行沉降监控，对有裂纹的建筑需要安装裂纹监控，监控数据每周更新两次并发送给受影响的工厂。

临时租地。对于不属于工厂用地，首先用邮件的形式，把要租地的范围、面积、租赁期限等详细信息告知土地管理单位JTC，通常情况下，如果要租赁的土地JTC还没有租出去或其他特别用途，他们会回复邮件进行确认，同意我们租地；然后双方会签订正式的租地合同，租赁期限以月为单位，以每平方米每月的单价进行租赁。

如果租赁期满后，需要退租。退租前，先把围挡、物资材料等移除干净，把地面因施工需要垫的石块、硬化的混凝土等全部清除，原地面恢复至租赁时的标高，然后邀请JTC的人到现场验收，验收时现场要准备一台挖机，JTC的人随机抽检，找一些点随机下挖1m深度，检查地面以下是否有石块等杂物，必须确保上部1m范围是好土。如果租赁前地面长有草皮，还需重新种植草皮才能退租。

3.施工过程中如果有噪声、振动，需要在施工前一个工作日通知沿线工厂。有些工厂会要求承包商调整作业时间，如夜间施工、节假日施工等。

4.纠纷处理。对于施工过程中工厂主提出的索赔，承包商、业主、工厂主一起现场调查取证，对事发现场地点、时间、工地从事的活动需要进行记录，然后再检查最近的沉降监控数据，分析事件发生的可能原因，明确责任，最后由责任方处理。

二、公用管线协调

公共管线种类繁多，包括供电电缆，通信电缆，煤气管道，供水管道，污水管道等。新加坡的公用管线主要是埋在地下，尤其是既有道路下面，各种管线繁多，对基础和开挖施工带来很大不便。

（一）公用管线直接影响永久结构

项目开工前，对于影响永久结构的市政管线，由业主负责管线改移，并按合同工期移交施工场地。

因管线图纸信息不准确，施工过程中发现公用管线影响永久结构的，承包商要以正式现场探测报告和图纸的形式提交给业主，业主再通知管线部门，协商管线改移；对于管线改移成本太高或者时间太长，也会考虑修改永久结构设计。

（二）公用管线影响临时结构和施工过程

承包商负责与管线部门的协调，正式通知管线部门，一起通过会议讨论协商，承包商需要通知与该管线相关的所有人员，提交详细的管线保护方案和风险评估、管线防护临时结构的PE设计图纸、施工过程的详细流程、管线周围的监控以及应急措施，获得批准以后，施工前至少一个工作日通知管线部门，管线防护和施工的重点过程，需要有管线部门人员的全程监督。整个从申报到批准，需要反复几次会议。对一些埋深的管线，甚至会出现一些死循环，如管线部门要求暴露并看到管线才能进行后续施工，要暴露管线开挖超过4m，安全要求临时防护，看不到管线临时防护不敢安装。

三、交通道改

因为施工建设是在既有道路上，所以交通道改直接影响施工的进度。没有交通道改将没有施工场地。新加坡这边不允许长期直接道路全封闭，交通道改的原则是占用多少车道，需要临时修建同样数量的车道。短期临时交通道改的原则是车辆可以通行，但至少保证一条车道，车道的宽度需要满足大车可以顺利通行。交通道改图纸要按照要求提交给政府交通管理部门审批，还需要咨询机构对受影响路段进行交通流量分析，并形成分析报告与道改图纸一同提交报批。

四、结构物移交

车站内机电类房间移交由机电部负责主要协调工作，在建筑（Archi）完工后进行移交工作。移交工作前，由机电部会同业主、系统集成分包商（SWC）、土建（RC）结构分包商和建筑（Archi）分包商进行初步验收，主要检查房屋基本尺寸，各类开孔、临电和照明设施的情况。根据初验结果进行相关的整改，正式移交时会对相关问题的整改情况进行核验，以确保移交后不会对系统集成分包商（SWC）进场施工造成干扰。

为了让设备房接收单位早进场、早开工，尽早开始管线和设备安装，使土建工程、装修工程、安装工程同步平行作业，设备房移交采取完成一批、移交一批分批次、分阶段的移交方式。设备房移交时相关各方包括移交方、接收方的施工单位和业主单位均需全部到施工现场进行实地共同检查和移交，并在设备房移交单上签字和签署意见。

第七节　施工布置

Section 7　Construction Arrangement

本节内容分别从施工队安排、周转材料配置、机械设备备置和主要材料等四个方面对新加坡大士西延长线C1686和C1687项目分开描述施工布置。

一、C1686项目施工布置

（一）施工队安排

项目选用当地具有专业资质的建筑公司作为分包商，分包商安排如下：

1.桩基施工分包商2个，分别负责施工高架桥及EW32、EW33车站部分桩基；

2.承台、墩身、盖梁等混凝土施工分包商2个，分别负责施工高架桥及EW32、EW33车站部分混凝土工程；

3.钢板桩防护分包商1个，负责全线所有钢板桩防护施工；

4.土方工程分包商1个，负责全线所有土方工程施工；

5.围挡工程分包商1个，负责全线围挡工程施工；

6.外部工程分包商1个，负责全线所有交通导改工程施工。

（二）周转材料配置

1.承台采用平面钢模拼装，项目共8套（后期可以用于车站）；

2.墩柱采用组合定性钢模，按最大7m翻模施工，结合墩柱形式（公路墩柱为9～14m，铁路盖梁为22m左右）模板配置如表5-3所示：

墩柱模板配置表　　表5-3

项目	型号	墩柱数量（个）	模板配置（cm）	数量（m）
1686	C1	13	Φ160	7
	C2	38	Φ200	14
	C3	14	Φ250	7
	C4	3	Φ160+140 平模	12
	C6	2	Φ150+350 平模	14
	C8	2	Φ250+150 平模	14

（三）设备配置

设备配置主要包括挖掘机、旋挖钻机、门式起重机等设备，如表5-4所示。

设备配置表　　表5-4

序号	设备名称	数量	主要性能参数
1	挖掘机	6	165kW，工作重量34660kg，最大伸出距离11.7m，挖掘深度8.1m
2	旋挖钻机	7	250kW、最大成孔直径2000mm，深度达60m、钻进扭矩220kN·m
3	履带式起重机	4	最大起重量80t，最大起重力矩80t·4m，199kW、主臂长49m
4	汽车起重机	2	最大起重量50.5t，最大起升高度35m，最高行驶速度78km/h，重38.8t，四节臂，二卷扬，带电脑
5	汽车起重机	3	最大起重量25t，最大起升高度30.56m，最高行驶速度70km/h
6	节段拼装架桥机	2	架设跨度：25～56.5m；天车额定起重能力：45t
7	门式起重机	3	5t
8	门式起重机	4	25t
9	门式起重机	1	50t
10	运梁车	2	270kW，额定载质量50T
11	混凝土泵车	2	长×宽×高：10.6m×2.5m×3.85m；自重23700kg；32.0m臂架垂直高度；120～70m^3/h；6.4～11.8MPa；265kW
12	振动锤	2	击振力198t、容许拔桩力120t
13	自卸汽车	6	214kW，额定载重12.7t
14	洒水车	1	132kW，额定载质量7505kg

（四）主要材料调查情况

针对海外市场，项目开展了相关的材料调查工作，主要情况如表5-5所示。

主要材料调查表　　表5-5

序号	名称	产地	单位	预计到工地价	备注
1	混凝土	新加坡	28.5万m^3	108新币/m^3	C40
2	钢筋	马来西亚	6.1万t	4000人民币/t	未考虑运费
3	钢绞线	中国	9605t	5500人民币/t	未考虑运费
4	支座	中国	560个（铁路250，公路310）	20000人民币/个	未考虑运费

二、C1687项目施工布置

C1687项目根据施工现场布置，分设四个工区，各区的具体施工布置如下：

（一）施工队安排

1.一区：

（1）钢筋混凝土分包R-Tec专业结构施工队伍，负责一区全部承台、墩柱和盖梁施工（包括匝道D和E的引桥部分）。

（2）区内方桩施工由L&M 负责，圆桩施工由Starr Pilling专业桩基队伍负责，同时负责区内CBP桩基施工。

（3）现浇盖梁预应力张拉工作由自有队伍承担，预制盖梁吊装及预应力张拉由中铁十一局第六工程公司（以下简称六公司）负责。

（4）公路节段梁吊装和张拉由六公司负责。

（5）公路桥桥面铺装（包括梁间现浇带、防撞墙、沥青路面、伸缩缝及栏杆安装等）由中铁十一局桥梁公司（以下简称桥梁公司）负责。

（6）高架桥表面喷涂工程分包，邀请招标选择一家单位完成全项目的公路高架桥表面喷涂工程。

（7）原路面恢复工程，专业分包给路面沥青专业分包施工。

（8）绿化及灌溉工程分包商待定，全项目统一招标确定。

2.二区和四区

（1）钢筋混凝土分包商为Eng Lee专业结构施工队伍，负责二区和四区公路和铁路双层混合高架的全部承台、墩柱和盖梁施工（不包含匝道A、B和C的墩柱、盖梁和引桥部分）。

（2）现浇公路盖梁预应力张拉工作由自有队伍承担，预制盖梁吊装及预应力张拉由六公司负责。

（3）公路和铁路节段梁吊装和张拉由六公司负责。

（4）公路桥桥面铺装（包括梁间现浇带、防撞墙、沥青路面、伸缩缝及栏杆安装等）由桥梁公司负责。

（5）高架桥表面喷涂工程分包待定，计划邀请招标选择一家单位完成全项目的公路高架桥表面喷涂工程。

（6）原路面恢复工程，专业分包给路面沥青专业分包施工。

（7）绿化及灌溉工程，根据项目的情况，由项目经理部统一招标确定。

3.三区

（1）钢筋混凝土分包商为Innocon专业结构分包队伍，负责三区公路和铁路双层混合高架及车站EW31 的全部承台、墩柱、盖梁施工、车站除预制构件和钢结构外的土木结构施工（不包砖墙和结构防水工程部分）。

（2）现浇公路盖梁预应力张拉工作由自有队伍承担，预制盖梁预应力张拉由六公司负责。

（3）公路节段梁吊装和张拉由六公司负责。

（4）公路桥桥面铺装（包括梁间现浇带、防撞墙、沥青路面、伸缩缝及栏杆安装等）由桥梁公司负责。

（5）高架桥表面喷涂工程分包待定，计划邀请招标选择一家单位完成全项目的公路高架桥表面喷涂工程。

（6）车站预制梁由COLIN专业预制单位负责生产。

（7）车站预制板由CONTECH专业预制单位生产。

（8）车站钢结构由六公司负责。

（9）车站站内装修由中铁十一局建筑安装工程公司（以下简称建安公司）负责。

（10）原有路面恢复工程，由专业分包给路面沥青专业分包施工。

（11）绿化及灌溉工程，由项目经理部统一招标确定。

（二）周转材料配置

1.承台采用平面木模施工，材料由分包自行投入。

2.墩柱采用系统钢模，按最大高度12m设计，结合墩柱形式（公路墩柱为9～12m，铁路墩柱净高为8m左右），每个区每种墩号的模板按二套配。

3.现浇公路盖梁临时支架总计配置10套，一区2套，二区5套，三区4套，四区临时支架从一区和二区调配。

（1）一区：公路现浇公路盖梁钢结构支架2套，公路盖梁支架底模板2套，侧模1套。承台、桥墩施工时劳动力40人，公路盖梁施工时增加至60人。钢板桩打拔设备1套，钢板桩11套。

（2）二区：现浇公路盖梁钢结构支架3套，公路盖梁支架底模板3套，侧模1套。承台、桥墩施工时劳动力60人，公路盖梁施工时增加至80人，铁路桥墩、盖梁施工时增加至150人。

钢板桩打拔设备2套，钢板桩16套。

（3）三区：现浇公路盖梁钢结构支架4套，公路盖梁支架底模板4套，侧模2套。钢板桩打拔设备1套，钢板桩4套。

（4）四区：现浇公路盖梁钢结构支架3套，公路盖梁支架底模板3套，侧模1套。

一区、三区公路盖梁完成，支架及模板体系可转移至4区。承台、桥墩施工时劳动力50人，公路盖梁施工时增加至70人，铁路桥墩、盖梁施工时增加至110人。钢板桩及机械由二区转场使用。

（三）机械设备配置

1.一区：桥墩支架3套，墩、承台施工时吊车2台，公路盖梁施工时另外2台吊车。

2.二区：桥墩支架5套，墩、承台施工时吊车2台，公路盖梁施工时另外2台吊车。铁路桥墩、盖梁施工时增加1至2台吊车。

3.三区：桥墩支架4套，墩、承台施工时吊车1台，公路盖梁施工时另外1台吊车。铁路桥墩、盖梁施工时增加1台吊车。

4.四区：桥墩支架3套，墩、承台施工时吊车2台，公路盖梁施工时另外1台吊车。铁路桥墩、盖梁施工时增加1台吊车。

机械设备配置情况如表5-6所示。

机械设备配置表　　表5-6

序号	设备名称	数量	主要性能参数
1	挖掘机	10	165kW，工作重量34660kg，最大伸出距离11.7m，挖掘深度8.1m
2	旋挖钻机	5	250kW、最大成孔直径2000mm，深度达60m、钻进扭矩220kN·m
3	履带式起重机	4	最大起重量80t，最大起重力矩80t·4m，199kW、主臂长49m
4	汽车起重机	3	最大起重量50.5t，最大起升高度35m，最高行驶速度78km/h，重38.8t，四节臂，二卷扬，带电脑
5	汽车起重机	3	最大起重量25t，最大起升高度30.56m，最高行驶速度70km/h
6	节段拼装架桥机	4	架设跨度：25～56.5m；天车额定起重能力：45t.（公路，铁路各两台）
7	门式起重机	2	10t
8	门式起重机	1	60t
9	门式起重机	1	80t
10	门式起重机	2	100t
11	运梁车	4	270kW，额定载质量50t
12	混凝土泵车	2	长×宽×高：10.6m×2.5m×3.85m；自重23700kg；32.0m臂架垂直高度；120～70m^3/h；6.4～11.8MPa；265kW
13	振动锤	2	击振力198t、容许拔桩力120t
14	自卸汽车	6	214kW，额定载重12.7t
15	洒水车	1	132kW，额定载质量7505kg

第六章　主要管理措施

Chapter 6　Key Management Measures

为提高项目管理水平，促进各项管理的科学化、规范化和法制化，使项目管理更加具体，具有可操作性，项目部通过计划、合同、人力资源、物资、设备、质量、安全、环境保护及社会治安方面制定针对性措施，确保达到项目目标。

第一节　工程计划管理

Section 1　Project Plan Management

一、建立有效的项目管理组织及相关制度

建立分工合作且职责清晰的组织架构、部门、团队及岗位，同时制定并实施相关制度，保证各项工作在组织与制度框架内按程序和流程有序进行。

（一）建立成熟的有效的组织管控体系

将项目管控内容分门别类、细分到相关部门、个人，严格落实责任主体，形成一整套合理的组织体系。同时充分发挥集体聪明才智，容纳不同的想法或意见，形成张弛有度的工作及施工氛围，使项目正常运转。在执行过程中，及时与计划对照，进行定期的常规性检查、纠偏，发挥长效作用。

（二）以我为主，合理配置人员

1.企业内派员工要掌握决策权。选派业务能力、敢于担当的管理者作为项目负责人，主要或关键的管理岗位——包括项目经理、合同部长、财务部长等要由内派员工担任，不至于出现政策偏差和执行偏差。

2.施工副经理、安全官、公共关系协调员、风险评估师、合同经理等人员为本地员工，各区现场有1名本地员工为现场工程师或协调员，帮助完成英文文件、参与对业主、设计、本地有关单位、部门之间的协调工作，同时也可以解决劳动配额问题。

3.清晰界定岗位职责，做到岗位明确、职责清晰，易于考核，落实奖惩措施。

4.项目架构实行动态调整，随工程内容、进度不同而适当调整，适应现场需要。

（三）强化项目执行力、落实力

包括以下举措：

1.利用会议纪要，安排下步工作，便于执行、检查、对照落实。

2.建立问题库，对项目需要解决的问题，按照轻重缓急，定人定措施定时间，及时反馈，动态调整一直到项目结束。

3.通过内部月度工程例会，定期进行核查落实情况，以会代训，促使各级人员不断改进和提高自身能力。

4.项目部做好奖罚制度落实工作。

二、强化“技术及安全质量”与合同管控能力

（一）多维度提升“技术及安全质量”管控能力

首先，通过“在实践中学习、专题培训和自我积累”等方式，增强个人、团队和组织在“技术及安全质量”方面的知识、技能和经验，使得所采取的“技术及安全质量”管理方法和方式符合项目所在国的法律法规、技术法规、技术规范与标准，以及管理习惯和惯例。这样可以减少“技术及安全质量”管理中的障碍，提升效率减少索赔或被索赔损失。

其次，积累解决“施工详图设计和施工”中技术问题的经验。重视施工图设计审核以掌握技术的主动性，避免因设计错误或遗漏而影响后续工作；采取组织和专业的方式解决技术问题，如，组成攻关小组或团队、委托外部咨询、实施专业认证和专家论证等，多维度解决技术瓶颈和技术难题；实现技术和现场的有效结合，以解决现场施工需求为导向，发现问题及时解决。

再次，加强各方面沟通协调。总承包（含内部分包组织）内部（组织、部门、团队、岗位和专业）沟通协调及与其他组织或个人（包括业主、设计单位、监理单位、分包商、物资材料供应商、咨询服务机构、专家等）的沟通协调，有效达成技术（含安全质量）方案的共识和协同解决技术问题的协议；设计、施工及各项目或工作接口的沟通协调，减少或避免界面管理信息沟通不畅、存在技术和组织盲区等问题；做好物资设备供应的沟通协调，考量各方面因素统筹安排供应计划，并提供应急预案以备不测。

（二）通过合同管控减少和规避自身损失

强化合同契约精神，依照合同维护自身权益。首先，遵循项目所在国法律法规规章、技术法规等要求，按合同要求切实履行自身义务，防范因自身原因带来的各种风险和损失；其次，要与项目各方密切沟通合作，在互相有争议的范畴尽可能达成更多共识和一致；再次，要做好过程文档及资料收集工作，无论是“技术、安全质量还是成本、进度”等问题所带来的损失，只要引发这些问题的原因不在我方，都可以依据法律与合同按规定程序提出索赔。

三、重视物资（材料）设备管理以规避“管理不当”而导致的进度风险

防范、减少和规避由于“物资（材料）设备管理不当”而导致的进度风险，需要做好以下几方面工作：

（一）建立有效的物资（材料）设备管理组织

按照局项目部（含标段项目部）、子公司项目部等分级构建物资（材料）设备管理组织，明确物资（材料）设备部门、合同部门、财务部、技术相关部门、安全质量相关部门在物资（材料）设备管理中的分工合作职责，做好物资（材料）设备的市场调查、计划编制、采购及运输到场（按程序接受审核审批）、使用或运行维护等各项工作。

（二）做好采购工作与设计工作的协调

在采购与设计的协调工作中，应做好以下事项：

1.设计时要分析材料设备的技术指标。并非所有的关键物资（材料）设备都要到国际知名的厂商处采购，只要满足工程需要和合同要求，应尽可能在施工所在国采购，这样不仅可降低运输、税费等各种成本，也避免长距离长时间运输风险。

2.采购部门应向设计部门及时提供物资（材料）设备市场行情，使得设计人员能够在符合合同及设计要求前提下，在设计中尽量选用既节省费用又保证质量的物资（材料）设备。

3.对市场供应材料的规格、性能等进行分析，使设计工作尽可能合理规划，以减少材料数量和种类等方面的要求，降低成本。

4.及时审核来自设计部门的请购文件，及时发现其中问题。为避免设备制造商对设计部门技术设计产生理解差异而导致返工和延误，组织技术人员与制造商进行技术交底。在制造过程中，催交人员要及时发现和解决双方在技术方面的协调问题。

5.在设备与材料的催交过程中，要保证供货厂商手中的设计文件总是当前的最新版本，这将对后面能否按时交货和顺利安装产生非常大的影响。

（三）做好采购工作与施工的协调

物资（材料）设备能否及时运抵现场，能否跟上施工进度，对保障工程进度至关重要。采购工作更多受到外界因素制约，特别是长周期关键设备，其到货日期经常因制造中突发的质量和技术问题而延误。解决这个问题最好方法是及时与工程部门沟通。

1.在采购计划被批准且清楚货物运抵现场时间和数量等信息后，应及时通知工程部门，以便其能够按照货物到场顺序安排或调整施工计划，防止采购方案与施工方案冲突。

2.对于大型设备到场、进场，应提前通知相关现场管理人员设备到场的准确时间和状态，以便及时清理道路和存放场地，准备合适的起吊设备以及安排相应的管理、技术与作业人员等。

3.工程部门也应将施工方案和施工进度计划及时通知采购部门，以防止物资（材料）设备到场后得不到及时使用和安装而占用场地和大量资金，或因物资（材料）设备未及时进场而产生窝工、误工。

四、做好各方协调工作，加快工程进度

主要包括以下方面：

（一）做好与业主、监理、设计院的协调工作。

（二）做好征地拆迁、管线迁改及交通道改的协调工作。

（三）重点做好架梁的协调工作。

（四）协调好同一工作区域内线下分包、桥梁公司、建安公司、六公司之间的工作关系，减小相互摩擦和影响。

五、有的放矢做好总包分包管理，推进工程进展

（一）做好总包管理，超前规划、抓住重点，推进工程进展

主要包括以下方面：

1.制定施工计划，动态调整，及时纠偏

编制年度、月度计划，每月下发一次通报，对当月施工情况进行总结，指出施工中的优缺点，分析存在问题的原因，及时纠偏。在分包进度计划延误后，施工过程中及时约谈分包公司项目经理、法人代表，依据合同规定，及时发出索赔警告邮件、信件，及时处理进度延后问题。

2.超前谋划，做好新开工点的组织安排，提前落实分包队伍及资源，安排施工方案、试验段。

3.抓住施工重点，集中优势重点突破

项目前期是以SI、施工详图、征地拆迁、交通道改工作为主，过程中则是桩基、盖梁、架梁为主，最后则是外部工程，作为不同时期的重点。

4.加强精细化管理，积极推进施工生产

深入现场，获取第一手资料，对施工工效进行统计、分析，优化施工人员及设备配置，提高效率。统筹安排、合理分工，发挥专业优势。适时调整管理机构，适应现场要求。

5.加强相互协调，实现均衡施工

组织各项目部及分包商定期召开协调会、现场协调会以及专题协调会等，从界面划分、施工内容、施工计划方面理顺相互关系，明确各自工程任务和标准要求，化解施工矛盾，促进各单位之间均衡施工，共同发展。

（二）做好分包管理，推进工程进展，主要包括以下方面：

1.对实力较强的分包商，项目的主要工作就是及时提供场地条件、施工图纸，催促前道工序分包商尽快给他们提供施工面，做好施工配合，更好地发挥工作能力。

2.对于独立施工的预制板梁分包商，他们最担心施工计划不断变化、反复修改，给组织和安排施工资源造成困难，再就是预制梁、板生产出来后，现场迟迟不能安装造成预制场存货积压影响他们的后续生产。这也就要求项目提前按照预制梁架设需要的顺序，科学合理编制好预制梁、板生产计划，并和他们有效沟通与交流，用双方达成

一致的生产计划来约束和管理梁板预制分包商。

3.对于实力较弱的分包商，积极主动地帮助他们想办法提高工作进度和效率，帮助他们解决工作中的困难，再就是按照合同条款书面催促、给他们施加压力，迫使增加劳动资源和延长工作时间。

4.对于无法满足施工要求的分包商，重新进行合同谈判，重新商定合同内容，或解约。

5.在图纸供应得以保障的前提下，对分包商进行计划及进度考评，以促进生产。

六、重视“征地拆迁、管线迁改、交通道改”等工作协调

（一）外部协调工作要早筹划、早准备、早落实

外部协调工作主动权往往不在自己手里，需要产权单位配合，只有尽早着手推进，发现或遇到问题才有充足时间解决。项目部这边要按照施工计划，做好提前量安排。

（二）外部协调人员业务要熟练

最好使用当地协调人员，其主要优势：一是语言熟练，二是掌握相应管理流程，少走弯路。还要做好资料的提供工作，资料要满足相关要求，避免反复提交，耽误时间。

（三）协调工作要和工程部门紧密配合，加强信息沟通、交流，共同推进

针对协调工作，项目部需要加强部门之间的横向联动和紧密配合，对于协调工作过程中产生的相关信息要及时共享，包括现场技术人员与业主、产权单位的技术资料往来信息、项目工程部门和协调部门的相关指令或要求等，须及时相互传达与告知，确保工作及时推进和落实。

（四）交通道改方案要结合施工方案，考虑周全

交通道改与施工方案紧密相关，施工方案不仅要考虑人员、机械设备、材料的组织安排，也要考虑交通道改的落实难易程度和时间，交通道改甚至有可能是限制条件来决定施工方案。因此，施工方案一定要综合考虑，待交通道改方案优化后确定。

第二节　工程合同管理
Section 2　Engineering Contract Management

一、完善组织机构设置

项目合同管理分为三级管理模式，即局项目部合同部、标段项目部合同部、子公司项目部合同部。局项目部合同部配置为3人，一人负责内部合同管理，一人负责变更索赔，一人负责法律事务；标段项目合同部人员配置为5人，其中合同经理1名，合同部长1名，计量工程师（QS）3名。合同经理负责与业主变更索赔商谈，分包招标谈判、拟定分包合同（包括WO、VO）。合同部长负责成本内控，配合合同经理分包谈判、分包合同签认前的审核，变更索赔相关图纸、数量、费用及资料整理；3名计量工程师分别负责分包计价、业主变更SOI和RFI的清理及上报、对上计量和分包申报。子公司项目部合同部配置2～3人，1人负责合同及索赔，1人负责计价及成本控制。

二、分阶段、分层进行主包合同交底

在中标一个月内将电子文档发送给项目经理及局项目经理部各部门经理（不含报价），用于熟悉各部门责任、义务及权利。同时，由局项目部合同部牵头，翻译合同文件，分析合同中的重要条款，分门别类组织合同交底。

三、制定责任成本目标，并考核

项目中标后，局项目部和标段项目部以投标阶段的组价资料为基础，并结合项目实施性施工组织方案，制定两个标段的责任成本，并以此对两个标段进行考核。

四、做好分包计划及策划

项目上场之初，合同部需根据确定的项目实施性施工组织方案，结合项目整体施工进度计划安排制定项目分包策划方案。内容包括各阶段拟发包的工程项目、发包模式、发包范围以及如何将发包项目进行合理打包等内容。

五、分包合同签订及交底

分包合同签订后，项目合同部及时对项目管理人员分包合同进行交底。交底内容包括各分包的工作范围、权利和义务及总包商工作范围、权利和义务，同时将分包合同下发到每个现场经理、现场工程师手中，让施工一线的人员清楚哪些事情由总包负责，哪些事情由分包负责。要清楚界定水电费该由谁承担、供应材料以什么单价进行扣款，材料超耗如何处理和扣款等等，防止项目效益外流。

当外部或者施工条件变化，及时签订补充协议协调合同内容。补充协议的签订由合同关系双方对已签订合同的调整内容达成一致，明确权利与义务的关系，确定相应的变化合同金额，防止分包随意变更索赔。

六、及时完善变更索赔手续

当业主通过口头或暗示方式下达变更指令时，要在规定的时间内发出书面信函要求业主对其口头或暗示指令予以确认。由于工程变更导致工期延长或费用增加时，要及时提出索赔要求，并在规定的时间内计算工期延长或费用增加的数量，保证承包商在各个环节上符合合同要求。这样，一旦出现合同争议，在进行争议评审或仲裁时，我方可以处于有利地位，可以得到应得的补偿。

七、做好分包合同反索赔

本地的分包商合同管理意识非常强，一旦出现合同外或者跟合同规定不符的情况，都会通过邮件或正式信函的形式向总商包说明，一般是得到总包商的许可后，才开展下一步工作。这种情况下，我们一般都会及时处理并回复对方的邮件或信函，并做好相关现场记录，为潜在的索赔做好准备。同时，对分包商进度滞后、质量不合格等违反合同约定行为，通过正式信函告知分包商，为项目反索赔做好基础。

八、抓实工程量管理

新加坡项目的图纸分为三个阶段：招标图（Tender Drawing）、施工图（Construction Drawing）、施工详图（Shop Drawing）三个阶段。其中招标图（Tender Drawing）在项目招投标时由业主提供，项目实施阶段设计院只提供概念性的设计图纸（Concept

Design），具体的施工详图（Shop Drawing）由项目部自行进行设计。其中，施工图（Construction Drawing）与招标图（Tender Drawing）之间不一致造成的成本变化由业主承担；施工详图（Shop Drawing）与施工图（Construction Drawing）之间不一致造成的成本变化由总包商承担。项目上场后，要及时组织工程部和合同部对招标图和施工图进行了核量，通过清单工程量与投标图工程量对比，我们知道了哪些项目在投标时存在漏项；通过投标工程量与施工图工程量对比，我们知道了哪些地方可以向LTA申请变更；在标段的施工过程中，随着分包的不断进场，施工详图也不断完成编制，需要组织定期对施工图和施工详图进行核量，通过施工图工程量与现场施工详图工程量对比，我们知道辅助材料（主要指钢筋）所占比例；通过现场施工详图工程量与实际施工工程量对比，我们可以用来控制分包商的材料是否超耗，如分包商存在超耗，会在分包计价款中扣除。

九、加强物资管控

计划部门配合物资部门对物资进行管控。因劳务分包模式的不同，管控方向也不同：采用劳务分包模式的施工队伍，每月定期对劳务队伍消耗材料进行统计，根据现场劳务每月领料数量扣除现场库存后，对材料节超进行核算、奖惩；对采用专业分包的施工队伍，主要是核算分包材料占总分包的工序的百分比以及施工队的成本。

十、严控非生产性开支

新加坡项目建设周期长，项目管理费用高，严格控制管理费用等非生产性开支是项目节流的重要手段。我们依据总体进度将项目进行阶段划分，严格控制各阶段生产管理人员数量，将项目管理人员费用控制在合理范围内并制定办公、车辆、差旅、临时水电管理办法，严格控制非生产性费用开支。

第三节　人力资源管理

Section 3　Human Resource Management

一、合理使用人力资源定额（MYE）

新加坡人力部和建设部会根据工程类别、工程总造价进行MYE的集中分配，人力部对人力资源定额控制严格，批准的数量一般不能完全满足工程施工需要，带MYE的劳工在劳工税费上有一定的优惠。新加坡项目的人力资源定额由项目行政人事部统一管理。由项目行政人事部统一划拨，并做好划拨和使用记录台账，以供追溯，防止乱用和滥用。

二、利用好人力资源配额

招聘当地员工是获得人力资源配额的唯一渠道，一名本地员工（包括永久公民）可以提供7个配额，为了提高项目人力资源配额，本项目在招聘人员时，除关键人员外，司机、保洁等辅助人员优先招聘本地员工。

三、精选内派管理人员

由于有配额限制，集团公司优选了一大批政治素质高、工作能力突出、年轻有为的中青年干部，参与到项目建设中去，这样既保证项目顺利进行，也可以锻炼培养熟悉海外业务、精通施工管理的项目团队。

四、加强对外籍工人管理

依据项目的管理规定，我们结合新加坡的《雇佣法》等法律法规，在保证企业利益的基础上，切实维护外籍劳工的合法权益。外籍劳工的招聘工引进，主要通过本地劳务中介进行。项目部通过多家对比、联系和谈判，达成协议后签订相关合同引进工人。引进前劳务中介将出入境手续、工作准证办理以及安全培训等手续全部办理完成后，与项目办理交接手续。由项目部根据需要安排至各工区，安排相应工作。行政人事部将工人信息计入花名册，存档相关资料。

由于外籍劳工基本来自印度及孟加拉国两地，他们的语言及文化风俗皆与中国及新加坡不同，在管理过程中，项目部要求和工人打交道管理人员具备一定的英语能力。

外籍劳工一般住宿在新加坡政府建设的有偿劳工营。因此对他们的日常管理不免存在疏漏，为此我们建立了专人负责制，对外籍劳工实行责任连带管理，有人私自离开劳工营，其他人应立刻向项目部汇报，及时联系寻找，保证他们的生命财产安全。

在项目施工高峰期，工人用工紧张时，为增加用工灵活性，减少烦琐的行政管理，项目部会从劳务中介公司选用一些工人已解决临时的工人短缺。

对于工作过程中发生纠纷，我方严格按照公司管理规定公正裁决。办公室出面调停，调停无效情况下，可由项目部工会予以裁断，不服的可以申请新加坡全国总工会行业分会介入调查裁决；实在无法解决或涉及刑事案件，将交由新加坡法院依法审理判决。

五、考勤规范

1.员工考勤为指纹机和考勤卡相结合的方式。每名员工拥有一张考勤卡，在卡上注明自己的姓名、准证号码、考勤表等，在每张考勤卡的正反面签上监督人的名字。

2.在规定的工资结算周期内，在TOTAL共计一栏中写上当天工作总数、当月工作时间总数。

3.任何原因不能及时上工，需向本工区（部门）负责人请假。

六、持续员工培训

根据新加坡法律规定，项目对员工提供必要的培训，如所有新入境工人都必须进行安全培训并获得结构安全专项课程（CSOC）合格证书，证书有效期两年；督工则需获得建筑工程督工安全证书（BCSS），证书终生有效。所有培训工作主要由项目部行政人事部来执行。培训完成后，证书档案等资料由行政人事部统一存档管理。

第四节　工程物资管理

Section 4　Engineering Material Management

一、完善组织机构设置

物资部门分为二级管理，即局项目部物资设备部（与标段项目部共用）、子公司项目部物资部。局项目部物资设备部人员4名，2名分别负责C1686、C1687标段的物资采购，1名负责物资管理，1名负责设备管理。子公司项目部物资设备部人员2名，分别负责物资、设备管理。物资采购人员都具备较强的国际贸易方面的专业知识和英语商务谈判能力及沟通能力。

二、对比大数据、动态管理供应商

统计原采购物资基础数据，整理完善材料单价数据库。对采购金额偏高的物资，与供应商重新进行谈判，要求其调价或停供，优选供应商。采购物资过程中，我方保存与供应商之间的物资询价、比价记录，有效控制物资采购的单价，确保采购环节公开透明。

三、做好内部物资管理

根据现场施工需要，项目部应做好合理调配物资、整合资源，做好相关记录，及时转账；帮助项目从国内采购急需材料；充分调查新加坡当地的材料市场，形成报告供项目共享使用；汇总PO单据，及时统计供应商材料欠款情况，月底、年底跟财务部门对账；按时向局对口部门上报相关报表。

四、优先考虑国内采购

新加坡经济发达，绝大部分物资都是进口而来，从采购、物流到分级销售等中间环节多，相应的物资的成本逐级递增，导致最终在新加坡本地销售时价格非常高。为了节约成本，对单价较高、或者价低量大的物资，项目部提前编制采购计划，预留合理的运输和清关时间，选择直接从国内采购，降低采购成本。

五、加强采购合同管理

依照国内规范并参照本地的相关做法，项目编制了项目采购合同标准文本，为项目物资的及时供应以及解决物资供应纠纷打下了良好的基础。

六、做好物资现场管理

1. 主材的管理

钢筋：新加坡常年温度在30℃以上，而且时常会有雷阵雨，雨水和海风的侵蚀使得钢筋生锈的速度远大于在国内气候环境下存放的钢筋。在进行钢筋采购时，我们采用少量多批次的办法，根据现场各型号钢筋的消耗规律制定好钢筋的进货计划，使钢筋库存保持在一个较低的水平，可以尽量避免钢筋因存放的时间长而锈蚀严重的问题。

商品混凝土：新加坡项目使用的是商品混凝土，在预订混凝土时需要提前与厂家进行联系，将所需混凝土的配合比、方量、使用时间、使用地点等信息明确告知厂家。混凝土到场后经质检部及监理检验合格方可使用。

其他主材：其他主材也采用类似的方法进行管理，在保障现场施工所需的前提下，使库存降到最低。

2. 物资防潮、防晒及安全管理

一些物资（如袋装水泥、灌浆料等）在受潮或暴晒后容易发生性能的改变，因此在新加坡尤其需要注意物资的防潮和防晒。一般将该类物资存放在库房内，当露天存放时则遮盖进行保管。

各类物资在保管存放时必须遵守安全第一的原则，如有毒、易燃易爆等危险材料需要隔离在单独的空间存放并放置醒目的标识牌，确保符合新加坡的各项安全规定。

第五节　工程设备管理

Section 5　Engineering Equipment Management

一、完善组织机构设置

子公司项目部物资设备部人员2名，分别负责物资、设备管理。局项目物资设备部下设机械施工工班，具体负责自购机械设备的使用。

二、通过经济分析，做好设备租购比选

施工设备按照使用时间、施工条件以及维修保养情况，经过经济分析，对大型设备如架桥机、门式起重机、吊车及运梁车等使用时间长的大型设备采用自购方式解决，对于临时性使用的一般通用设备采用租赁方式解决。

要做好设备租购的前期调查，相关隐形成本一定要调查清楚，如设备租赁费中的司机加班费，窝工费，设备的检测费，事故处置费等，及设备采购费中的运费、关税等等。

三、优选成熟品牌

选购设备尽量选择技术成熟的品牌。在选择一个合格的设备代理商时，维修服务团队的考量要放在主要位置，配件供应也是考察选择代理商的一个重要因素。签订售后服务协议，尽量要谈判延长售后服务期、配件供应等事项。

四、扩大资源，满足设备租赁

本项目在当地选择了实力强、售后服务好、设备数量较多、设备型号齐全的3～4家设备租赁供应商，选择价格最低厂家作为主要的设备租赁厂家，签订长期租赁合同，其余的作为备用厂家，同时约定设备供应商提供设备的成套证书，确保设备符合安全要求，并提供实时维修或更换服务，减少了设备故障时的窝工时间。

五、加强设备运行管理

项目设备物资部门应加强设备运行管理，主要包括：设备基础数据管理、现场设备日常管理、大型设备配专职人员管理、设备电子文档化管理等。

1.设备基础数据管理。设备基础数据记录单中应将设备使用的时间、地点、施工内容、施工队伍等记录清楚。该数据不仅是统计设备功效的重要依据，还是后期索赔和反索赔的主要证据。

2.现场设备的日常管理。要派专人盯控，出现问题及时解决，提前做好维保工作，提高设备利用率。

3.大型设备配专职人员管理。现场的设备出现问题，要及时进行记录，然后反馈到项目部，做好小故障防治，防止“小病拖大、大病拖炸”。

4.设备电子文档化管理。设备何时进场、期间的故障情况、维修记录以及退场时间等都需要有明确的记录，并应制作成电子文档由项目文件管理人员上传至指定系统内，方便查找，提高工作效率。

六、强化分包设备管理

在分包合同中，对设备型号、数量、上场时间，因设备故障导致的停工损失、索赔条件等都写清楚，在合同上尽量确保分包设备窝工时，不索赔或者少索赔。对纯劳务分包，则在合同中体现设备使用费所占总施工成本的比例上限，以控制分包商对设备的浪费使用，确保设备使用高效经济性。

第六节　工程质量管理

Section 6　Engineering Quality Management

一、完善组织机构设置

局项目部质量管理职能安排在工程部监管，标段项目部、子公司项目部均设立质量部或安质部，配备1～2人。现场主要由现场经理、现场工程师、分包技术人员控制质量情况。

二、重视图纸答疑

工作开始前，项目部对可能造成现场工作无法继续的图纸或信息不明，向业主上报答疑请求。如答疑请求长时间无回复而造成工期滞后，项目经理要在业主进度例会提出，以加快问题解决。

三、制定施工方案和检查、测试计划

按照批准的施工图纸，项目部应编制施工方案和检查、测试计划，以指导现场施工。该方案、计划在施工前交业主、监理批准。

施工方案内容包括：工作内容；现场布置；施工流程图；机械，设备和材料；人员组织表；施工方法和程序；安全，环境保护措施；检查和测试计划；图纸和规范。

四、严格材料试验

项目部应依据合同，材料按照ITP和技术规范或LTA M&W规范标准进行性能测试。

首先项目合同部确定材料供应商，然后供应商上报采购产品，送新加坡当地试验室做产品试验，试验室出具试验报告。项目将试验报告、相关施工经验材料，上报业主，经各方审批同意方可使用。

五、落实施工报检

在各项施工之前项目部根据监理要求提交IRF（Inspection Request Form）检查申请表、Checklist专项工程检查表和ITP（Inspection and Test Plan）专项检查和测试计划。

其中专项检查和测试计划，是针对每个专项工程各个步骤环节，列出需要检查和测试的项目、方式、频率，以及监理必须要见证和旁站控制的项目（依据MW）。Checklist是将ITP具体到每次检查时的检查表。每次检查时Checklist检查表和IRF放在一起提交给监理。检查结束后监理会在checklist和RFI上填写检查结果并签名。如果检查不合格或需要整改，施工单位根据监理意见修改完成后，申请第二次检查，完成后监理签字闭合。

六、加强现场质量控制

现场质量主要由分包商，总包和现场监理RTO控制。现场质量控制主要内容包括：

（一）混凝土

项目所用混凝土在当地采购。项目部QA/QC部门与技术部门协商确定各结构物混凝土类型，强度。QA/QC部门要求供应商根据M&W规范提供混凝土配合比设计，上报业主，监理和设计院。批复后，进行试拌，每种类型混凝土试拌3批，每批制作试拌3个试块。按照9块7d强度、9块28天强度分别进行强度试验，28天强度平均值应不低于设计值+10N/mm^2，否则视为不合格。混凝土试件数量见表6-1：

混凝土试件数量表　　表6-1

混凝土方量（m^3）	试块最少组数
< 10	1
11 ~ 40	2
41 ~ 100	3
101 ~ 400	4
401 ~ 2500	2+1/200m^3
> 2500	15

现场混凝土试块强度无法达到设计强度，要求供应商证明其所提供混凝土强度方案。供应商可提供证明强度Windsor Probe试验，强度仍无法达到设计强度，供应商须提供处理方案。

（二）钢筋试验

按欧洲标准或SS2规范要求，每批次同种型号钢筋50t进行一次强度、弯曲、反复弯曲试验。由于钢筋批次过多，每月抽样1次，进行性能试验。对于钢筋套筒连接，规范要求每200只套筒，取一只进行试验。钢筋和套筒试验结果如果不符合要求，就要求相应分包商重新取样试验，还不符合要求则不允许进场。钢绞线依据新加坡标准每一卷都要进行性能测试，测试合格方可应用于现场施工。

（三）桩基检测

依据合同与监理确认试验桩基位置，灌桩完成后28d，分包商安排相应试验。分包商上报经专业工程师签字盖章的正式报告给项目部，质量部门经理和技术部门经理审阅无误后，上报至业主、监理。如果钻芯取样样品抗压强度达不到设计桩基强度，分包商需要出具专业工程师计算报告，证明桩基仍可正常工作，否则不予接收。

（四）其他试验

根据现场施工需要，还进行有植筋强度测试，地基承载力测试，钢筋笼ITA测试，混凝土内部UPV测试等。

七、落实质量整改

现场工程师或督工详细记录不符合要求的工作缺陷，并向施工经理报告。项目详细分析造成质量缺陷的原因，补救措施和处置方法，并制定整改计划，下发至该工作缺陷负责的分包商或现场工程师。

依据各个分包商施工方案和施工规范，现场工程师/督工进行施工质量控制。分包商未按照施工方案和施工规范施工，项目质量部可向分包商下发NCR，要求分包商给予解释发生的原因，处理意见。分包商需将正式回复上交至质量部，经质量部审核，批准后进行处理。

经现场整改，确认合格，方可闭合NCN。

八、进行质量事故分析

对于现场发生的质量事故，及时暂停施工。组织相关技术、质检、现场施工人员对质量缺陷责任进行判定。判定时应全面审查有关的施工资料、设计资料及水文地质资料，并到现场进行查勘，以分清责任，明确质量问题处理的费用。修补和加固措施，在经监理工程师审核签认后，才可按方案恢复施工。事故遵循“四不放过”原则进行处理。

九、做好文档管理

聘用专职文件管理人员，项目部应建立完善的文件管理程序，及时更新，存档进、出文件，确保相关部门、人员及时获知信函、技术文件和图纸等信息，保证施工现场信息畅通，避免出现因文件资料更新不及时导致施工质量问题。

第七节　工程安全管理
Section 7　Engineering Safety Management

一、完善组织机构设置

局项目部、标段项目部、子公司项目部三级均设立安全部，配备安全官。局项目部主管施工生产的副经理分管安全，安全部设1名安全官，标段项目部安全部按照安全官（2名）、安全协调员（1名）、起重工程师（1名）、环境官（1名）配置；子公司项目部本着人员精干、机构高效、内外兼顾的原则，1名项目副经理主管安全，安全部设1名安全官（外籍）、1名安全部长（企业正式干部）。各区现场设安全督工（数名，最少1名）的模式进行安全管理，确保施工安全。

二、做好安全制度建设

（一）“工具箱”会议制度

每天早上开工前，各个分包召开“工具箱”会议，每周各区集中一次，每月标段集中一次。通过“工具箱”会议，宣讲安全知识，通报昨天的安全情况，提醒当日施工安全重点和安全事项，提高作业人员的安全意识。

（二）施工许可证制度

每天需要对施工项目进行申请，相关人员签字批准后方可开工，一方面体现了安全的重要性，另一方面也给予安全很大的权利，可以停工。

（三）分包商进场前对接制度

在承包商正式入场前，项目部须组织专门的体系对接见面会，宣传项目安全管理理念、介绍项目安全健康环境管理体系，提出安全管理要求，澄清所有疑问，确保入场后能遵守我们的规章制度。

（四）委任信制度

即任何承包商进入工地的管理人员和操作人员，都必须准备各个承包商的委任信，附上相关人员的准证和培训证书，并且取得分公司安全官和各标段的项目经理签字之后，方可进入工地进行管理和设备操作，目前委任的岗位包含了30余种，杜绝了无证上岗。

（五）机具设备色标管理和LEW检查制度

现场的大型机具设备，例如吊车、Boom lift, Scissor Lift, 叉车等在入场前须经过第三方检查，出具Maintenance Checklist，进入现场后实行色标管理，每月由供应商的人员维护保养，贴上色标；对于手持工具、电动工具，由第三方的专业LEW（licensed Electrician Work）每月入场检查一次，贴上相应标签，确保安全使用。

（六）定期检查制度

对工地脚手架，必须要由有资质的单位搭设，并每周由脚手架督工检查签认；对于起重钢丝绳、锁扣等起重机具，必须每隔六个月（LTA要求）送检，确保安全使用。

（七）事故报告制度

新加坡对上报工伤的范围、报告程序具有严格规定。如造成雇员受伤，病假超过3天或者住院至少24h，在10日之内必须提交事故报告，如造成人员死亡的，需立即通知政府部门。对未造成人员伤亡、但仍属于严重的工作场所事故，如起重设施（包括吊车、打桩机等）坍塌或失效、模板及支撑体系的坍塌等，也必须进行上报。事故上报由雇主通过人力部网站的Incident Reporting系统报送，人力部将针对事故的严重及损失程度对事故进行调查。

安全事故发生后，项目部需第一时间保护好现场，并及时上报新加坡政府相关部门，配合做好调查和补救工作，及时向保险部门进行索赔。

（八）保险及赔偿制度

新加坡法律规定，进行工程项目建设前，业主和承包商必须办理有关强制性保险。总包单位将保险赔偿及工人诉讼的风险转嫁给保险公司，保险公司承担因工伤事故造成的损失。因此，分包商及总包都要给员工办理工伤保险。

三、加强人员管理

（一）专业人员干专业的事

现场的安全管理人员以及一些从事特殊工种作业的人员均需要专门培训，取得资格后，方可上岗。另外，像一些临时结构或者变更设计涉及主体结构安全的内容，必须要PE计算并签字盖章，以对计算负责，而不是凭经验，真正体现专业人员干专业的事。

（二）施工人员必须佩戴安全装备

只要进入施工区域，必须戴安全帽、穿安全马甲和安全鞋，而不是像国内只要求戴安全帽。安全鞋是特制的，不仅防水，而且可以防止铁钉等扎伤脚。如果到高空区域进行作业或检查，还必须穿防坠落的专门安全服装（带安全挂钩）。

四、落实方案演示、安全活动

（一）方案演示会

开始新的工程项目前，项目部要组织方案演示会，并通过PPT对施工方案进行演示，与会人员提出问题，汇报人员解答，及时发现问题、解决问题，提前化解安全风险。

（二）起重作业要求严格

任何起重作业，都提前计划并编制吊车站位图，明确吊车的相关工作参数及吊具的相关参数；重型起重时则根据需要对吊车工作区域做地基承载力试验以验证地基承载力，确保万无一失。

（三）定期组织安全活动

每年至少组织一次大型的Safety Campaign和Safety Promotion（安全活动和安全生产宣传），宣贯安全。要求全体参建人员，不论是工人还是管理人员包括监理单位和业主单位的人员均参加，同时会邀请项目部领导和业主有关领导在会议开始时做简短发言。会议搭建活动的舞台，活动内容的形式多种多样，其中以安全人员和工人表演的节目为主，同时会设立一些小的奖品，鼓励工人积极参加和表演相关节目。

五、多种形式强化现场安全管理

（一）保护地下管线设施

所有地面以下的作业（包括桩基础施工、钢板桩施工、基坑开挖、水沟施工等）在开工前，必须首先根据管线图把所有地下管线设施的位置标注在地面上，同时必须用小型的机械或人工先开挖探坑，把地下的管线先探明清楚，才能正式开始地下工程作业，防止破坏地下管线设施。

（二）工地大扫除

为了维持施工现场干净整洁，每周至少进行一次工地housekeeping（工地大扫除），从总包和各分包的工人中抽调一部分工人，由安全人员带领和指导，用半天的时间专门进行施工现场的垃圾、杂物等清理。

（三）高空作业方面

高空作业时电钻、角磨机等电动工具使用前需检查钻头、打磨片等配件是否安装牢固，防止使用过程中松动脱落；栏杆底座C槽焊接时设置围挡，防止焊条、焊渣吊到桥下；扳手、锤子等小型工具用绳子系在手腕上，避免操作时坠落；在叉车上设置防滑落挡块，防止运输物品滑脱；在吊装小砖时，用网状袋子套住所吊物品，防止坠落。

（四）拍照留影

项目部需做好现场的日常影像采集工作，留下关键环节的过程记录和证据收集，为施工日志、成果总结、工作纠纷、索赔等做好准备和积累。

（五）履行封道告知义务

跨公路施工时，为了公众安全，需要临时对道路进行封道，项目部每次都会提前向LTA进行申请，LTA则实时向社会公布，提醒公众绕道出行，同时为了减少对周边业主的影响，项目部的公共关系协调员也会周边业主进行提前通知。

（六）增加便民措施

工地均配有休息棚、饮水机，供工友休息、饮水；改道占用人行道，必须另外提供人行道。

第八节　环境保护管理
Section 8　Environmental Protection Management

一、水污染控制

每个现场施工区均建临时排水沟、集水坑、沉淀池和污水净化系统，将施工区域内的雨水和施工用水经临时排水沟排放到集水坑，经沉淀和污水净化系统处理并达到法律规定的排放标准（固体悬浮物不超过50mg/L）后，再排放到市政污水管网。

二、防水土流失控制

对工地上裸露的地表及土堆进行覆盖，在水沟旁安装拦沙网，对离开工地的车辆进行清洗，防止土污染。

每个施工区的门口均建有洗车槽，洗车槽两边各配置一套冲水水枪和两个专门的洗车工人，所有车辆在出门前必须先冲洗干净。

所有的渣土车辆必须是有盖的，防止渣土车上路污染路面；工地临时堆积的渣土，必须用帆布等进行覆盖，不得裸露。

三、空气污染控制

对工地内有条件的区域，进行硬化，不能硬化的区域则进行日常洒水防尘。

工地内限速15km/h，防止车速过高，泛起扬尘。

进出工地的车辆，特别是出工地的车辆，必须在洗车池处将车轮子清洗干净，严禁轮胎带泥的车辆离开工地，污染市政公路路面。

四、噪声污染控制

实时对工地上的噪声进行检测控制，检测结果可以在网络后端看见，一旦噪声超标，我们将及时采取措施。

对公众相关噪声投诉进行及时处理。

施工用机械设备尤其是打桩机、发电机等机械，尽量选用噪声小的或采取其他减小噪声的措施。

在靠近居民或工程的区域安装声屏障。

五、疫蚊控制

项目部每周对工地进行一次喷雾杀蚊，局部地方还要进行多次喷油灭蚊，同时工地上会尽量减少死水的发生以减少蚊虫滋生。专业的公司每周至少一次对工地所有区域进行喷雾杀蚊虫，防止蚊虫传播疾病，后续项目部环境官会跟踪确认。

六、工地个人卫生

在工地上应配置一定数量的便携式移动厕所，严禁在工地上随地大小便，便携式移动厕所的数量一般按照工地上工作的人数确定，以确保每50个人有一个厕所为宜，移动厕所由专门的清洁公司每周至少一次进行消毒和清洗。

七、垃圾处理

工地上的垃圾主要分为建筑垃圾和生活垃圾，垃圾生产后按照不同的类别分别倒进建筑垃圾箱和生活垃圾桶，建筑垃圾箱和生活垃圾桶装满后分别由专门的环境公司运走并进行处理。

项目部在各工区根据需要放置了数量不等的建筑垃圾箱，建筑垃圾箱装满后，由现场督工或者安全督工通知指定的垃圾处理公司运走并处理。

第九节 社会治安管理

Section 9 Management of Social Security

一、工地围墙

项目部在工地四周树立2.4m高的围墙并合理布置了行人和车辆出入通道，期间虽然施工区域分阶段在不停变化，2.4m高围墙和行人及车辆出入通道也总是在第一时间树立，确保项目施工区域的相对封闭，外人不会意外进入工地。

二、门卫制度

办公区门口和各工区门口必须设立值班门卫室，并从专业的有营业执照的安保公司聘用保安进行24h全天候值班站岗，来访人员和车辆都必须严格登记。

三、工地治安

项目部安全部具体负责项目的治安工作，安全部每天派遣治安巡视员对工地进行巡查，同时项目部在主办公室及各工区办公室明显位置，张贴了火警/急救（995）、警察（999）和项目主要管理人员的电话，以便及时发现并解决工地治安问题。

四、工地反恐

项目部积极配合新加坡政府做好工地反恐，新加坡政府发布了一个名叫“SGsecure”手机App，并定期在App发布新加坡的反恐形势及动态，使用App的人除能够阅读App发布的内容，还能实现一键报警，在项目领导组织下，安全部牵头，引导项目所有员工下载了该App。

第七章　关键技术
Chapter 7　Key Technologies

第一节　城市桥梁芯壳分离分段施工关键技术
Section1　Key Technology of Urban Bridge Core Separation and Segmented Construction

一、引言

虽然目前国内外轨道交通高架桥已有预制盖梁方面的工程实践，如阿联酋迪拜轨道交通高架桥、我国台湾台北市内湖线轨道交通工程和我国重庆轨道交通一号线大学城段高架等，但均为盖梁整体预制施工。盖梁芯壳分离分段施工技术目前在国内外尚属首例。

C1687标段公路高架桥中，采用芯壳分离分段施工的盖梁共计56个，其中TYPE11型（位于公路、铁路两用高架桥段）有33个、TYPE33型（位于公路高架桥段）23个。TYPE11型公铁路用盖梁最大外形尺寸为40.3m×3.5m×4.5m，盖梁壳体中段最长达17.3m，最重136.2t；TYPE33型公路盖梁最大外形尺寸为42.8m×3.5m×4.5m，盖梁壳体中段最长达16.7m，最重达131t，边段最长达13.9m，最重达91t，为非异式变截面T形悬挑长薄壁壳体模型结构。因此，尺寸超大、重量超重、结构异形，是本项目盖梁结构的重要特点。针对大型芯壳分离分段结构施工，我们主要完成了以下关键技术研究：

1.基于芯壳分离分段的壳模整体化临时张拉预固定施工技术。

2.非预应力永久壳模结构预制关键技术。

3.非预应力永久壳模结构架设施工关键技术。

二、壳模整体化临时张拉预固定施工技术

为减轻悬挂梁的重量，其设计只用于悬挂边壳模，不考虑浇筑芯部混凝土后的重量。同时，为加速悬挂梁的周转，采用在壳模内设置临时预应力，将边壳模和中壳模张拉成整体，释放悬挂梁，并可承担浇筑芯部混凝土重量。

（一）边壳模固定技术

边壳模和中壳模安装完成后，在其壳模中间浇筑湿接缝，由于边壳模靠螺纹钢悬挂在支架上，振捣混凝土时可能导致其跑位，故在边壳模和中壳模之间锚固螺杆，将其撑住，同时在中壳和边壳外侧预留孔洞，安装工装，用螺纹钢拉住，从而将边壳模位置锁住，保证了边壳模线性不受混凝土浇筑的影响。图7-1和图7-2分别展示了边壳模固定系统、外部螺纹钢张拉及内部固定。

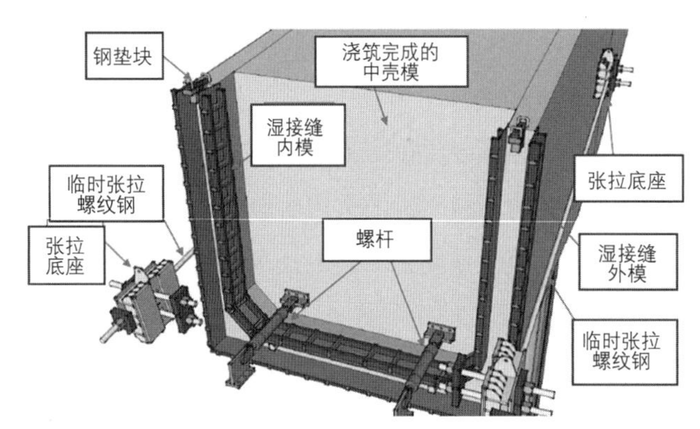

图7-1　边壳模固定系统

图7-2　外部螺纹钢张拉及内部固定

（二）临时预应力设置技术

由于边壳模上设有过人孔，在设置临时预应力束时，为了与过孔人保持一定安全距离，导致预应力端部直线长度不够，在张拉端加长锚固座，使张拉端直线长度大于1m。临时预应力钢束布置与壳模临时预应力张拉如图7-3和图7-4所示。

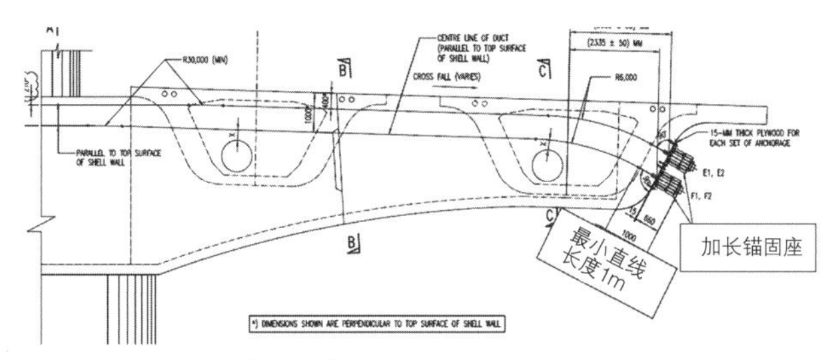

图7-3　临时预应力钢束布置

图7-4　壳模临时预应力张拉

（三）壳模整体化临时张拉技术

一个盖梁壳模共设置4束预应力，每束预应力由12根钢绞线组成，每束预应力张拉至2300kN左右，可承担边壳模芯部混凝土浇筑的重量。张拉完成后，即可释放悬挂梁，并用于下一边壳模吊装。图7-5为拆除悬挂梁施工图。

图7-5　拆除悬挂梁

三、非预应力永久壳模结构预制关键技术

（一）采用永久结构作为模板的整体化零原理

将大型结构首先从结构上进行剥离，取出外围的具有一定厚度的薄壁结构作为预制构件，该薄壁结构可以作为剥离的其余混凝土的模板，二者形成整体。薄壁壳模结构施工如图7-6所示。

图7-6　薄壁壳模结构施工工艺原理过程图

（二）大开孔施工成型技术

壳模结构施工过程中，有部分需要成孔，在墩柱上进行二次浇筑，做出一个凸台，

因而需要在结构上预留空心孔，以保证后期壳模结构内部的钢筋经过此孔与凸台钢筋连接，形成一个整体。施工时，使用钢板网加泡沫板的成孔方法，待灌注成型后，凿开泡沫板，取掉钢板网，完成成孔工艺。钢板网施工过程如图7-7～图7-9所示。

图7-7　钢板网材料

图7-8　钢板网放置实例

图7-9　采用钢板网后完成的壳模结构实例

（三）短孔预应力孔固定和预应力锚穴施工技术

壳模结构中为将来预应力体系中预留了部分孔道，其中永久预应力孔道的定位和成型质量对整个结构的施工起到了决定性的作用，该预应力固定短管已申请国家实用新型专利，其成型质量有保障，稳定性好，在混凝土灌注的高冲击力作用下仍能保持非常好的精度，满足生产的需求。图7-10为预应力管道开孔定位工装过程。

（四）变角度锚穴成型技术

因锚穴张拉端部角度多变化，因而锚穴处采用了凹嵌式和外凸式多角度，自适应性锚穴成型装置。本方法将凹嵌式置应用于壳模结构锚穴成形，具体操作如下：

将边段S形弧线段的位置按设计孔位开孔→整体模板开孔，开孔周边布设螺栓孔→按设计图纸精细加要所需锚穴模板→采用螺栓连接方式将其附着、固定到整体模板→钢筋绑扎、合模、浇筑、养护强度达标→拆除锚穴同模板连接螺栓→吊装混凝土壳模结构和锚穴模板出模板→拆除锚穴模板。锚穴模型安装及混凝土成型实例如图7-11所示。

操作要点：

1.整体模板同锚穴模板的密贴是混凝土成型的关键。采用工厂式加工方式，保证切割、加工、焊接定型准确对接。

2.整体模型和锚穴模型倒用过程中的轻拿、轻放，便于多次倒用。

图7-10　预应力管道开孔定位工装

图7-11　锚穴模型安装及混凝土成型实例

3.锚穴模型分两块成形，便于从混凝土中拆除时避免混凝土剥离，影响外观质量。

4.谨慎保护模型上所开螺栓孔，利于锚穴模型的多次对接、重复使用。

5.定期对此位置模型变形情况复核。

（五）平衡混凝土浇筑施工技术

1.腹板灌注时左右腹板交替逐步灌注，左右腹板混凝土高差不得大于500mm，连续灌注、一次成型方式灌注混凝土。腹板灌注速度控制在每小时灌注1.2～1.5m高，灌注时间控制在4h左右，先后两层混凝土的间隔时间不得超过30min。壳模结构混凝土灌注部分如图7-12所示。

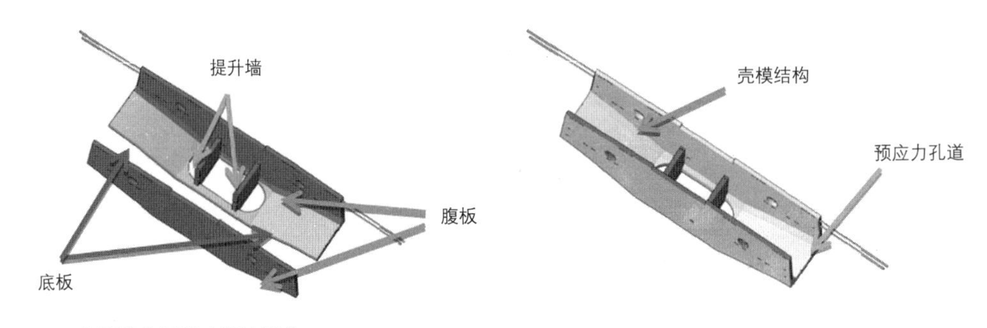

图7-12　壳模结构混凝土灌注部分

2.底板浇筑时用插入式振捣棒振捣，坍落度宜小。先浇筑底板直线段后用压浆板压住混凝土，最后浇筑底板弧形段，底板弧形段从低处往高处浇筑。浇筑完一段，用压浆板压住一段，再浇筑下一段。

3.为防止混凝土离析，在内模中部开设12个灌注孔。腹板采用两边交替下料分层浇筑，坍落度控制在200±20mm。振捣采用附着式振捣器振捣与振动棒振捣相结合，腹板中下层混凝土的灌注从内模中部设置的灌注孔进行灌注，采用附着式振捣器振捣。当灌注高度达到灌注孔时，封闭灌注孔，改从顶面进行灌注，中上部混凝土采用插入式振捣为主，附着式振捣为辅的振捣工艺。

4.混凝土下料应均匀，下料时严格控制下料速度，防止混凝土对预埋管件造成过大的冲击而偏离设计位置。

四、非预应力永久壳模结构架设施工关键技术

（一）壳模分离分段技术

采用将巨型结构“化长为短、化重为轻”的原理，将其从结构上进行剥离划分，使每段均为可预制和吊装的空心薄壁结构作为永久结构模板，然后采用分段对称吊装至墩顶托架或悬挂梁上，每段之间通过干接或湿接连接，然后通过临时张拉固定在一起形成整体，最后浇筑芯部混凝土、施加永久预应力，完成巨型结构施工。

（二）飞翼式盖梁壳模架设成套设备研制

飞翼式盖梁壳模共分三段，分别为一个中壳模和两个边壳模。中壳模位于墩柱上方，边壳模分别位于中壳模两侧。中壳模采用可调整托架架设，其原理为墩顶托架加油缸的形式；边壳模采用可调整悬挂梁架设，其原理为悬挂梁一端锚固在中壳体上，另一端悬挑用于悬挂边壳体。

1.中壳模架设的托架设备研制

托架主要是用于支撑中壳模的临时结构，设计成可分离的两部分，这样在完成中壳模安装后，可分离拆除；托架每部分设有两个牛腿可悬挂在墩顶预留的凹槽（300mm×300mm×300mm）内，为主要支撑结构，然后通过螺纹钢对拉方式使托架与墩柱抱箍。四个竖向千斤顶位于托架滑板上，用于支撑中壳模，滑板上连有纵向和横向油缸，用于精确调整中壳模空间位置。图7-13为托架示意图。

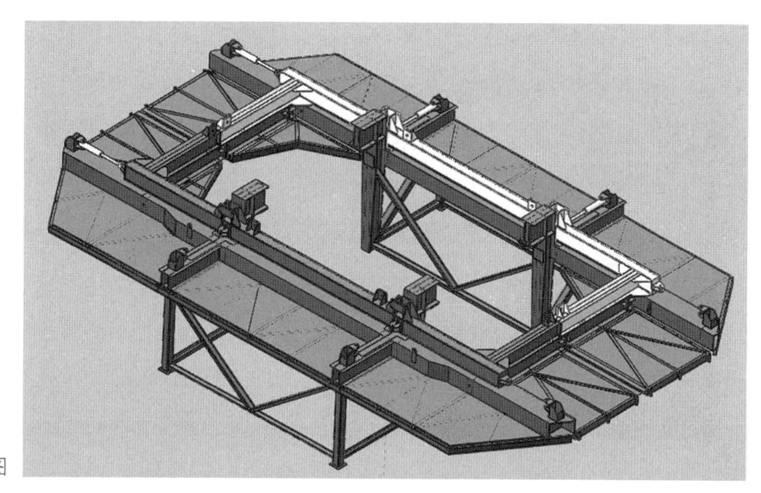

图7-13　托架示意图

2.边壳模架设的悬挂梁设备研制

悬挂梁是由一对平行主梁通过自锚系统固定在中段上，自锚系统是由4根直径50mm的螺纹钢和两根直径26.5mm的螺纹钢组成，其中端部的50mm的螺纹钢和26.5mm的螺纹钢需张拉至设计力，另一对50mm的螺纹钢紧用扳手拧紧即可，作为第二道防护。边壳模悬挂梁上同样设有竖向、纵向和横向油缸，用于边壳模三维调整。悬挂梁及锚固体系如图7-14、图7-15所示。

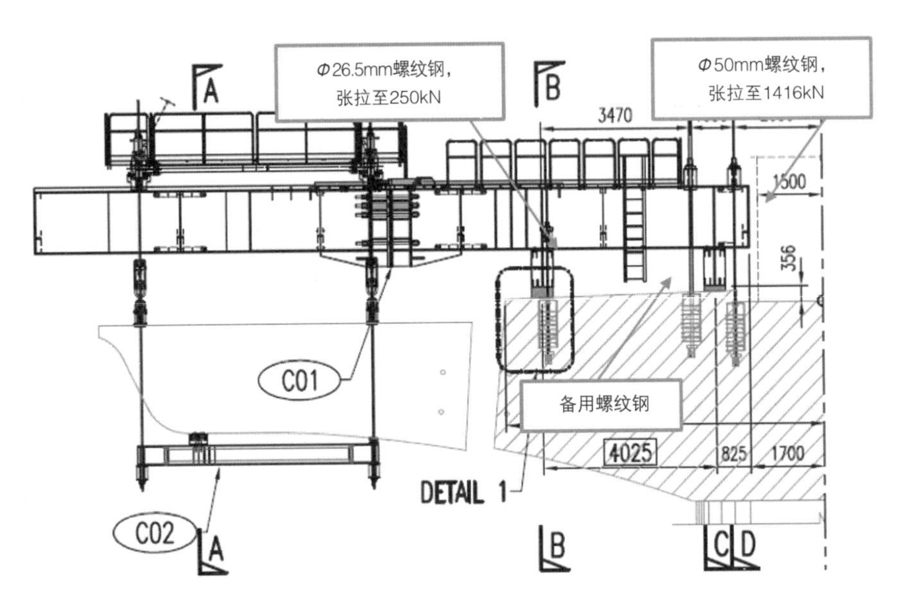

图7-14 悬挂梁锚固体系

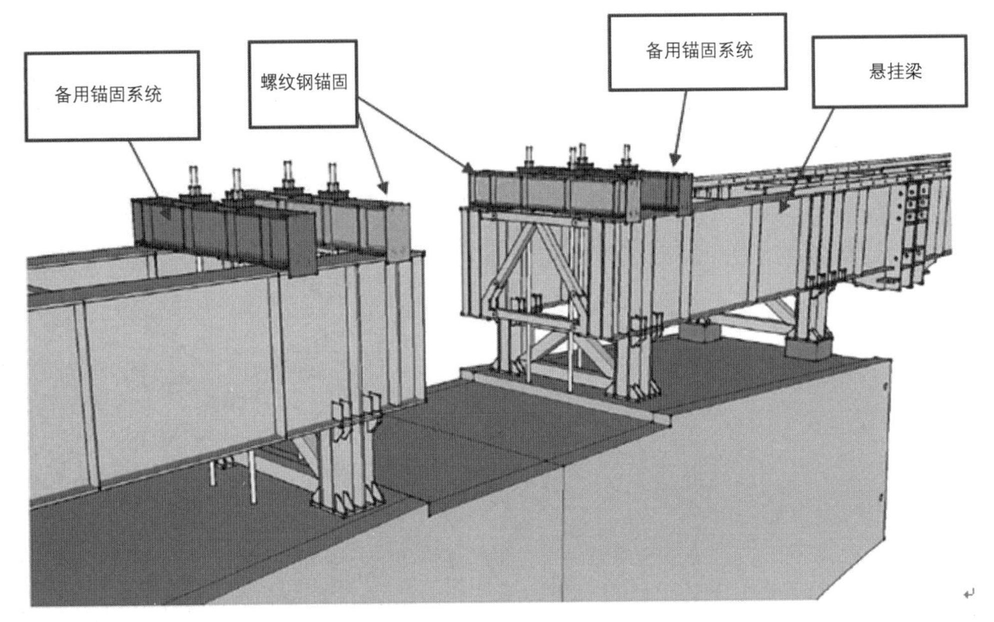

图7-15 悬挂梁示意图

（三）中壳模主动承接技术

用500t汽车式起重机吊装中壳模落至支架千斤顶上时，由于吊装时壳模的倾斜，4个油缸不同时受力，有侧翻隐患。故当落至距墩顶50mm时，停止下落，用4个竖向千斤顶主动承接盖梁。四个油缸为“四点受力，三点平衡”系统，通过油表读数确定每个油缸受力，从而保证支架受力平稳。千斤顶主动承接盖梁如图7-16所示。

（四）边壳模穿心悬挂吊装对位技术

边壳模采用兜底式扁担将边壳模固定住，然后通过8根（其中有4根为备用螺纹钢）直径32mm的螺纹钢将吊具与扁担相连接，吊具与边壳模之间预留有足够空间可穿过悬挂梁，最后吊具落在悬挂梁上。边壳模吊架安装及穿芯式吊装如图7-17所示。

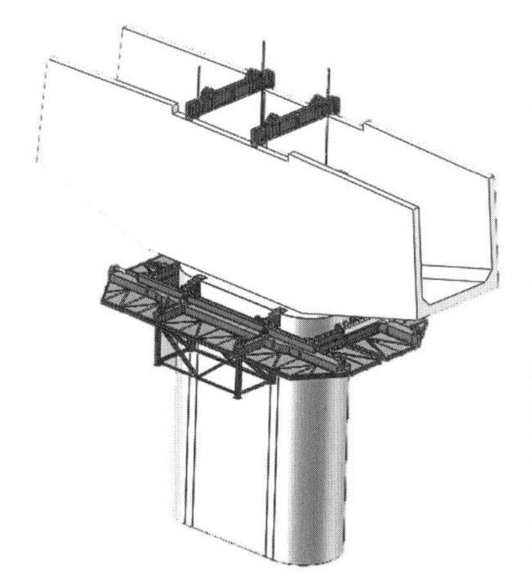

图7-16　千斤顶主动承接盖梁

图7-17　边壳模吊架安装及穿芯式吊装

（五）非预应力永久模板结构吊装及空间定位技术

（1）采用墩顶支架和悬挑支架支撑巨型结构，不受墩柱高低影响，不占用现有路面，对地面交通无影响，通用性大。

（2）在支架上设有三维调整系统，能精确调整巨型结构的空间坐标位置，满足施工精度要求。

（3）在巨型薄壁结构上设置临时预应力，使分段结构形成整体，优化支架的结构设计，加速支架周转速度。

（4）采用汽车式起重机吊装，可根据现场情况随时对架设顺序进行调整，灵活性高，适应性强。特别是当施工场地受限、精度要求高、交通繁忙地段、环保要求高时具有极大的优越性。

采用将巨型结构"化长为短、化重为轻"的原理，将其从结构上进行剥离划分，使每段均为可预制和吊装的空心薄壁结构作为永久结构模板，然后采用分段对称吊装至墩顶支架或悬挑支架上。

支架固定和调整原理。支架分为中间支架和悬挑支架，中间支架固定于墩顶上，用于支撑中间巨型结构；悬挑支架对称固定在中间巨型结构上，用于悬挂边巨型结构。中支架和悬挑支架均设有可纵向、横向和竖向三维调整的油缸系统，满足巨型结构的精确定位要求。

盖梁中间段永久模板和边段永久模板吊装如图7-18所示。

图7-18　盖梁中间段永久模板和边段永久模板吊装图

（六）芯壳分离分段结构体系转换技术

本工程芯壳分离分段结构共56个，在经预制场预制完成中边壳段后，由运输车经过确定的路线运输至架设现场。对于单层高架结构，采用在公路墩柱顶部安装支架，用吊车间节段吊装到墩柱顶支架上，调整到位后，在灌注壳内现浇部分混凝土，然后在中间节段上安装悬吊梁，用吊车将边节段安装到悬吊梁上，调整到位后进行胶拼，临时张拉、浇筑边段现浇部分混凝土，而后进行永久张拉和封锚灌浆。

（七）芯壳分离分段盖梁结构装配系统设计

新加坡大士西轨道交通盖梁全长40m左右，总重量达1000多吨，且沿线位于交通繁忙主干道，不能长期封路改道。故采用现浇施工方法和整体预制均不合理。因此，中铁十一局进行科技创新，研究出一种能够进行预制并满足吊装要求和工期要求的方法，该方法将预制混凝土和现浇混凝土的优点有机结合在一起，成功解决了大型结构在城市施工的问题。同时通过总结和提升，形成了巨型薄壁壳模架设施工工法，该工法在解决城市大型结构吊装施工效果明显，技术新颖，具有明显的推广价值，社会效益和经济效益显著。

1.中间壳模安装系统设计

中间壳模安装系统是一个下承式的支撑架（本文称之为“中支架”），其原理为：在墩柱上预留四个矩形凹槽用于中支架的定位，同时确保壳模的安装标高。中支架为一个上下两层的矩形框架，上层框架上设置有4个竖向千斤顶用于调整中间壳模的标高；上下框架之间设计有滑动装置并设置液压油缸作为动力来驱动以调整中间壳模平面位置。

中支架的4个竖向千斤顶使用3台液压泵站控制，采用四点受力三点平衡的原理，确保盖梁壳体在安装和调整过程中不会出现受力不明确的情况从而保证结构安全。中支架四周设置有供工人操作液压油缸进行中间壳模调整的工作平台。图7-19～图7-21为中支架细节图。

2.边壳模安装系统设计

边壳模安装系统的采用的是一对悬吊架，其施工原理为：悬吊架采用精轧螺纹钢锚固在已经施工完毕的盖梁中间段上，使用吊车将边壳膜通过吊架放置到悬吊架上，悬吊架上设置相应的调整机构对边壳模进行调整以达到设计位置。

悬吊梁为箱型双主梁结构，通过精轧螺纹钢锚固在中间盖梁上，对螺纹钢进行预先张拉检查螺纹钢质量，避免出现安全事故。

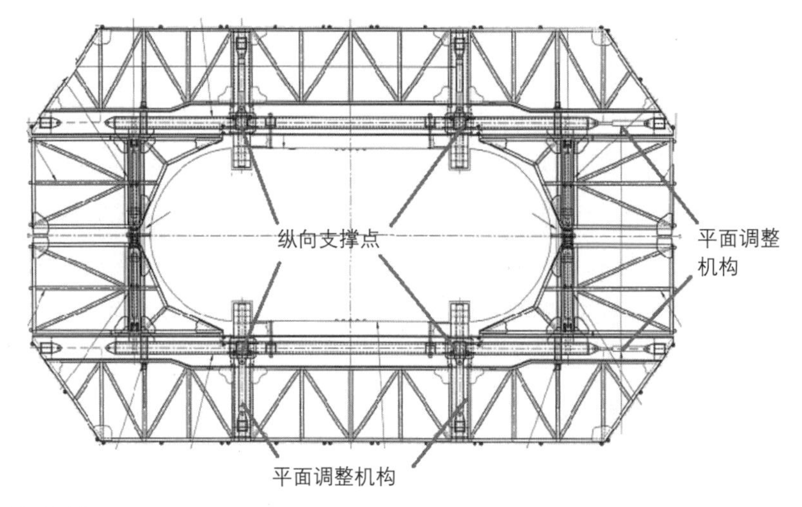

图7-19　中支架俯视图

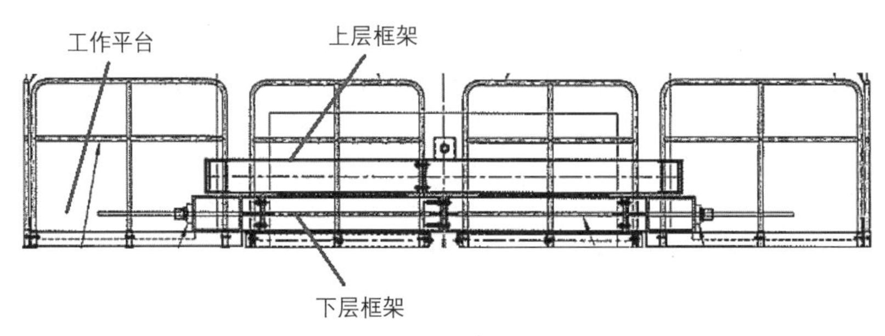

图7-20　中支架侧视图一

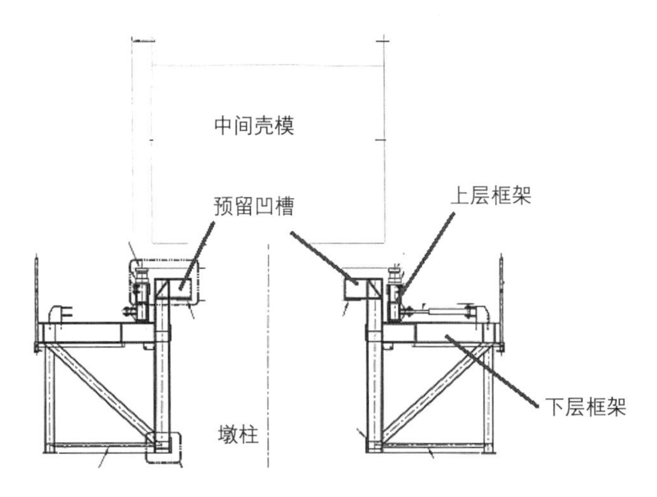

图7-21　中支架侧视图二

吊架分为上下两部分，下部分在预制场预先安装，上部分在吊装现场连接。吊架上设置有液压油缸可对吊装螺纹钢进行高度调节，从而调节边壳模的高程。吊架上部分和悬吊梁之间通过油缸可以调节吊架上部分在悬吊梁的位置，从而调节边壳模的水平位置。边壳模安装系统如图7-22所示。

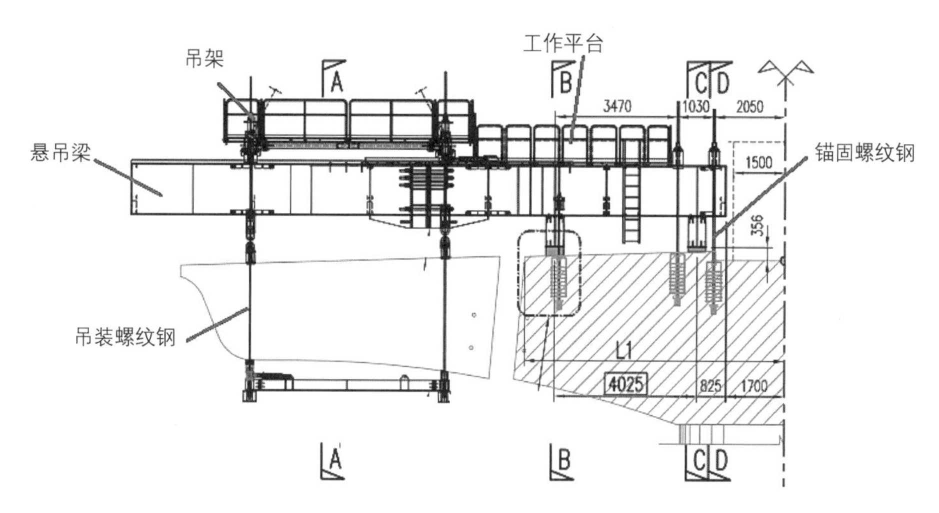

图7-22　边壳模安装系统

（八）壳模结构施工控制技术

从芯壳结构施工过程来看，先由预制产生壳模结构，而后起吊至墩顶，再进行芯内浇筑预应力张拉，起吊边段并定位，张拉临时预应力钢束再进行边段芯内混凝土浇筑，完成达到强度后再进行第二阶段预应力张拉，形成整体，后又作为公路节段梁的基准进行对称悬臂拼装架设。

从整个施工过程来看，正序可以知道关键的施工过程，同时必须进行反序研究，要知道后续过程对前一阶段的影响，如芯内混凝土的浇筑会产生侧向压应力，因而在永久壳模预制阶段或是设计分析阶段要求壳模具备足够的强度或刚度，或是要提前采取加固措施。

从上可知，壳模结构施工控制是一套系统性的工作，要求从结构内部受力情况即每阶段应力变化状态和线型架设拼装两方面共同考虑，壳模结构施工控制关键过程如下：

1.盖梁中间永久模板预制

2.盖梁中间模板的转存、运输

3.中间段永久模板的吊装

4.中间段第一阶段混凝土浇筑

5.中间段设置对拉杆，并按设计要求施加预拉力

6.中间段第二阶段混凝土浇筑

7.达到强度，并拆除对拉杆

8.预应力束C1/C4张拉

9.预应力束C2/C3张拉

10.铁路墩柱、盖梁、节段梁施工

11.盖梁边模板的预制、安装

12.中边段湿接缝混凝土浇筑、强度达标

13.临时预应力张拉、拆除悬挂梁

14.边段模板内临时张拉杆对拉，并施加拉力

15.边段永久模板内芯部混凝土浇筑、强度达标

16.预应力B1/B5、B3、B2/B4、A3按顺序张拉

17.拆除临时预应力

需要通过以上阶段全过程有限元模拟分析，掌握非预应力永久模板的各施工阶段受力、线型情况，从而进行有效的施工过程控制。

五、关键技术小结

（一）提出了芯壳分离分段结构矢量法永久模板调整关键技术，实现了标准型和非标准型永久壳模结构的同模预制。

（二）提出了整体化临时张拉预固定技术，包括壳模吊装、自锚固、分段张拉等技术及相应的操作工装，实现了对预制薄壁壳模的逐段组拼，并形成整体。

（三）形成了完整的芯壳分离分段结构的非预应力永久壳模结构预制、架设施工关键技术，包括：变角度锚穴成型技术、平衡混凝土浇筑施工技术、飞翼式盖梁壳模架设成套设备研制、中壳模主动承接定位技术、边壳模穿心悬挂吊装对位技术、芯壳分离分段结构体系装配施工技术等。

第二节　短线匹配预制梁高位逐段整孔拼装技术

Section 2　Short-term Matching Prefabricated Beam and High Section by Section per hole Assembly Technology

一、高位逐段整孔拼装概况

C1686标段和C1687标段均有轨道高架桥，采用整孔拼装逐跨架设，共有铁路梁252片，其中C1686标段有140片，C1687标段有112片。轨道高架桥由两条主延长线路（东西向）组成。该轨道高架桥的典型跨长为40m，在车站处，该高架桥的跨长统一减小为25m；最大跨长为56.5m，在P080、P082和P083处；最大纵坡为3%，最小曲线半径为190m，位于Q线和R线处；区间节段高度为2.4m，车站处节段高度为1.6m。节段重量从25t到45t不等，整孔拼装好后梁片最重达446t。

二、高位逐段整孔拼装架设关键技术

（一）首个节段定位

首个节段定位至关重要，关系到整孔拼装好的状态，对后续胶拼、张拉、落梁等工序要较大影响。结合预制场首个节段控制坐标，转换成现场胶拼时的控制坐标，用全站仪放点调整，保证首个节段的坡度与线路坡度一致，中线偏差在10mm内，调整好后采用枕木撑住，手拉葫芦拉住的方式固定。

（二）落梁控制

因盖梁为单墩柱双线盖梁，架设方式采用单线架设，这样会导致在架设一侧时盖梁受偏载，盖梁偏向一侧，在另一侧架完后，盖梁会恢复弹性变形，对梁片的高程产生影响。通过建模计算其弹性变形的变化量，同时监测盖梁的实际变形及其恢复量，得出盖梁弹性变形的平均值。从而在单侧架梁时，预先控制落梁高程，双线加完后，即可恢复到预期高程。

（三）架桥机过孔控制

架桥机过孔的安全风险大，控制标准高，是铁路梁架设的重难点工序，主要体现在荷载转换，前后辅助支腿支撑需严格竖直，前后主支腿的支撑需确保水平。荷载转换主要在行走主梁时荷载在垫板和滑轮之间的相互转换，架设过程中操作人员必须明确哪一步荷载的状态，这是确保安全过孔的前提，通过下发过孔的检查单，按照检查单一步步执行，可确保荷载转换的正确。前后辅助支腿在支撑时需有个预偏量，这是由于主梁悬臂40m有下绕产生的，在顶升辅助支腿时，先向后预偏，待顶升到设计高度时，辅助支腿刚好竖直。通过水平尺测量每顶升一个销轴孔，水平气泡移动多少，可估算其预偏量。主支腿是否竖直关系到整个架设过程的受力状况，其竖直通过调整主梁水平来实现，调整四个油缸的高度来确保主梁的水平（控制在±5mm内）。此过程是一个反复的过程，通过水准管高差判断油缸顶升量。

（四）连续孔道安装

由于端头节段做成实心，导致连续预应力孔道无法安装波纹管。采用充气芯模，很好地解决了连续预应力孔道和未来预应力孔道在湿接缝的成孔问题。此充气管壁厚，有一定的硬度，充气压力最大可达7bar，充气后的直径比没充气的直径小2cm，有利于曲线孔道成孔，且充气后有一定的强度，可承受振捣棒的振动，减小在浇筑过程中充气管破裂的风险。

（五）小曲线架设

铁路梁最小曲线半径为190m，架桥机走行为直线，需要通过旋转架桥机完成小曲线过孔。研究架桥机过孔流程和线型参数，在曲线内侧搭设临时支墩。另外，在个别墩柱，由于无法在曲线内侧搭设临时支墩，需要重新研究架桥机往曲线外侧横移的工况。

（六）大跨度架设

对跨长为56.5m桥梁，盖梁长度为20m，每边悬挑10m，架桥机架梁时支撑在盖梁端部，墩柱变形较大，裂缝不满足新加坡要求。架设大跨时，改变架桥机支腿的站位位置，P080结构检算满足要求；P080和P083采用以32mm的螺纹钢拉住盖梁的方式，使结构检算满足要求。

三、高位逐段整孔拼装架设施工工艺

（一）节段梁运输

1.运输便道的路基需要满足节段运输车行驶要求，其地基承载力要达到相应强度（本工程项目为0.3MPa），且便道排水良好，不能有积水。

2.根据预制节段形式的不同，在运输车上采用不同的节段固定方式：端部节段使用支撑架和手拉葫芦固定；中间节段用手拉葫芦固定。图7-23为边节段、中间节段装车示意图。

图7-23　边节段、中间节段装车示意图

（二）提梁

节段吊装操作要点如下：

1.用拖车将节段运送到起吊位置下，用吊车安装端挂架，穿好螺纹钢与节段进行锚固，操作起重天车移动到节段上方，降低吊具直到在端挂架上方大概500mm。

2.调整起重天车的位置，降低吊具直到嵌入端挂架里，调整横向、纵向油缸和旋转吊钩，使吊具和端挂架对好；操作吊具上的穿销油缸，使其进入端挂架中；检查指示灯，由红转成绿表明销轴插好。

图7-24　现场安装端挂架

图7-25　起吊第一个节段

图7-26　第二至第十二个节段吊装

3.松掉拖车和节段之间的手拉葫芦，起升起重天车，使荷载转移到天车上；继续提升到合适的高度后，节段旋转到正确的方向；继续提升节段使其顶部比铁路盖梁高2.5m。

4.朝盖梁的方向移动节段到最终的位置，粗调第一个节段的位置，用水平尺保证节段水平，用钢板尺保证节段纵向对齐和横向对齐。现场安装端挂架及起吊如图7-24与图7-25所示。

5.从主梁顶部的梁上下放悬挂螺纹钢，将螺纹钢连接到端挂架里并在主梁顶部用扳手紧固螺纹钢上的螺栓；

6.检查所有的螺纹钢都已紧固，降低天车，使荷载转移到悬挂螺纹钢上，释放吊具和端挂架之间的销轴，确保指示灯由绿转红，第一个节段吊装完毕；

7.第二至十二个节段采用与第一个节段相同的方法吊装并悬挂。注意第十一个节段将放在地面上，最后吊装。图7-26为第二至第十二个节段吊装示意图。

（三）胶拼

胶拼工作包括涂抹环氧树脂和临时张拉，是将节段连接成整体的工序。在胶拼过程中，为确保胶拼面合格，涂抹环氧树脂需要注意两点，一是预应力孔道周围2cm内不要涂抹环氧树脂，在2cm外环氧树脂涂抹量稍大，这样既可以保证环氧树脂不会进入预应力孔道，同时也可以很好形成密闭条件，压浆时不会串口和漏浆。二是在节段边缘点涂抹量要稍大，保证临时张拉点过程中环氧树脂被挤出，起到较好的拼接效果，接缝处不会渗水。涂抹环氧树脂、刮除如图7-27所示。

为了保证环氧树脂胶拼迅速达到一定的强度，需要对节段通过精轧螺纹钢张拉来施加预紧力，具体实施方案为：在节段顶部设置两根精轧螺纹钢，底部设置一根精轧螺纹钢。顶部的螺纹钢通过吊架连接在一起，底部的螺纹钢通过混凝土的锚固块连接在一起，螺纹钢通过临时张拉设备进行张拉，见图7-28。

图7-27　涂抹环氧树脂、刮除

（四）整孔张拉

整孔张拉一般跨有6束钢绞线，车站梁有4束钢绞线，采用单端对称张拉的方式进行张拉。张拉时对伸长量的计算和控制与国内不同。初始应力取25%，伸长量从25%开始测量，分四阶段进行张拉，每阶段张拉力增量为25%的设计力；同时为确保伸长量满足要求，在张拉到95%时，计算出张拉到100%时伸长量是否满足要求，根据计算的伸长量情况张拉到98%或100%、102%或105%，但是整个六束钢绞线（车站梁为四束）的张拉力须控制在2%内。这种调整张拉力的方式来控制伸长量，可以确保伸长量满足要求。

图7-28　节段顶部螺纹钢张拉

（五）落梁

落梁通过上横梁的四个油缸实现，同时上横梁上有纵向和横向油缸，可以实现梁片的横向和纵向调整，调整到位后，通过梁片两端的端梁挂架支撑在盖梁上。端梁挂架相对于传统的支撑式托架，有如下优点：

1.端梁挂架与临时张拉组件一体安装，减少单独安装托架的工序，节约功效和成本；

2.由于底部没有障碍物，可以方便湿接缝模板的整体吊装和拆除；

3.对于有牛腿的盖梁（支座端），也可快速落梁就位后进行下一步功效，不必等支座灌浆和等强[1]工作，大大节约了架设时间。图7-29为现场落梁、体系转换图。

图7-29　落梁、体系转换

（六）架桥机过孔

过孔难度大，风险高，是架梁过程的关键环节，主要分为六大步骤，分别为主梁走行前准备工作，行走主梁，后主支腿过孔，前主支腿过孔，第二次行走主梁前准备工作，主梁行走到位。操作要点如下：

1.架桥机各组件的准备。包括：调整前后辅助支腿到过孔状态；天车到前主支腿位置就位；抬起前后扶梯；调整后端吊挂的位置。

2.主梁向前移动。驱动系统启动，使主梁向前移动到指定位置；安装防倾覆装置；前辅助支腿前移到下一个墩柱就位；后辅助支腿支撑。

3.移动后主支腿到前一个墩柱。起重天车移动到后支腿；解除后主支腿与主梁和盖梁的连接；将后主支腿用天车移动到前一个墩柱，与前主支腿共墩；安装防倾覆装置。

（七）压浆

压浆方式采用压力式压浆，压浆过程中压力保持在2bars，压完时增加到5bars保压2min。锚具端头采用灌浆帽进行封堵，对比国内的灌浆帽，此灌浆帽上设有出浆孔，可以确保钢绞线与夹片之间的缝隙确保填充密实，如图7-30所示。

图7-30　灌浆帽安装

1　等强，等待混凝土或灌浆凝固后达到标准强度。

（八）湿接缝施工

两跨梁架完之后，梁片与盖梁之间有200mm的间隙需要浇筑湿接缝，然后两片梁之间连续张拉，由简支变连续。由于湿接缝的间隙小，故采用地面拼装后整体吊装的方式实现钢筋和模板的安装。

钢筋笼和模板的吊装采用简易式龙门架进行吊装，取代吊车吊装，不但安装时不受交通的影响，同时可以大大减少吊车台班费，节约成本，且功效高。

湿接缝内的连续孔道采用气压力充气成孔系统，不但解决连续孔道无法安装问题，且操作方便，成孔效果好，不易漏浆。图7-31为气压力充气成孔系统。

（九）连续张拉

连续张拉与整孔张拉方式一样，采用一端锚固、一端张拉的对称方式进行张拉，通过节段上预留开孔安装钢绞线、锚具夹片和千斤顶进行张拉。安装张拉设备借助桥面上的可移动支架进行安装，如图7-32所示。

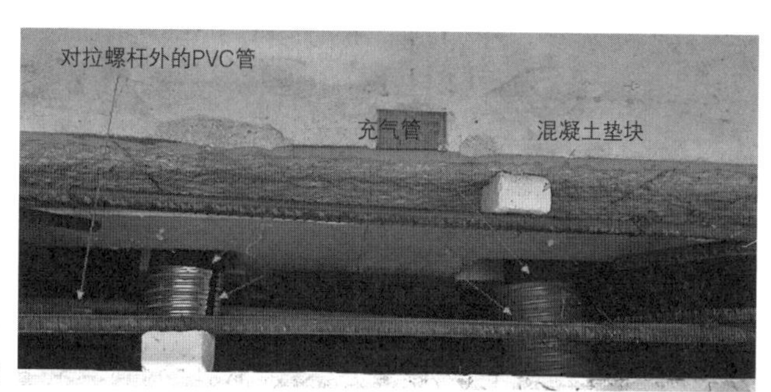

图7-31　气压力充气成孔系统

图7-32　连续张拉

（十）支座灌浆

支座灌浆共分两次，分别为底部灌浆和顶部灌浆，顶部灌浆在连续张拉完成后进行。底部灌浆采用钢模，在边上用腻子粉等进行封堵；顶部灌浆密封要求高，且人员无法进入里侧安装模板打密封胶，故采用木模加上海绵封条进行支模，同时在木模外侧加撑进行紧固，达到不漏浆要求。底部和顶部均采用重力式灌浆，底部灌浆从一端流进，一端流出，压浆层覆盖底板一半即可；顶部灌浆的灌浆管和出浆管提前预埋在节段里，灌浆时从进浆孔流入，出浆口流出，表面灌浆密实。

四、关键技术小结

（一）节段梁预制尺寸优化技术

节段梁预制施工应综合考虑预制、存梁、发梁等关键工序的可行性，尽量避免在标准生产过程外需额外临时加固或支撑结构，提高整个桥梁项目的工效，减少投入成本。节段梁轮廓细部尺寸设计过程中，建议梁体尺寸尽量采用统一尺寸，减小个性结构尺寸，同时节段梁内腔应尽量避免异形结构尺寸和负角度轮廓。

（二）预应力施工优化技术

节段梁预应力设计在满足结构安全的前提下，应考虑后期预制及张拉施工可采取何种主流施工工艺才能达到预应力设计要求，预应力坐标设计过程中尽量避开梁体结构主筋，避免因设计原因造成的先天施工质量风险。

（三）预埋件设计预埋方式优化技术

预埋件设计过程中在保证预埋件的使用功能的前提下，建议结合梁体预制特点，对直接预埋和预留成孔的方式进行合理优化，同时复核关键预埋件之间的相互冲突问题，在保证设计意图实现的同时也可以提高现场施工工效。

第三节　短线匹配预制梁对称悬臂拼装技术

Section3　Short-line Matching Prefabricated Beam and Symmetrical Cantilever Assembly Technology

一、对称悬臂拼装技术概述

对称悬臂拼装技术要涵盖准备工作、吊装和安装节段、涂胶和临时PT钢绞线安装与张拉、假悬臂PT钢绞线安装与张拉、架桥机过孔、浇筑中跨湿接缝、安装和张拉永久PT钢绞线、浇筑假悬臂PT空隙、永久PT钢绞线灌浆和填充持续钢绞线凹槽，要对以上各工序的拼装技术进行研究。

二、对称悬臂拼装准备工作

（一）结构方面要求的准备

节段在安装时必须要遵循平衡方法，这样就不会强加给盖梁基座、墩柱和盖梁一个不可接受的压力。基于这个目的，可以存在一个适当的不平衡也就是只能有一个额外的节段加于两边大里程或小里程车道上或加在东（西）线车道两边的悬臂末端上。不管怎样，节段安装都是从内车道到外车道来进行。为达到容许的失衡要求，在节段安装时用到两台架桥机同时并行建造。一般地，一台架桥机安装一个悬臂的大、小里程节段梁时，另一台架桥机将会在相应的悬臂（内或外）建造大、小里程。在架桥机过孔时，两台架桥机不得碰撞。图7-33为对称悬臂拼装要求示意图。

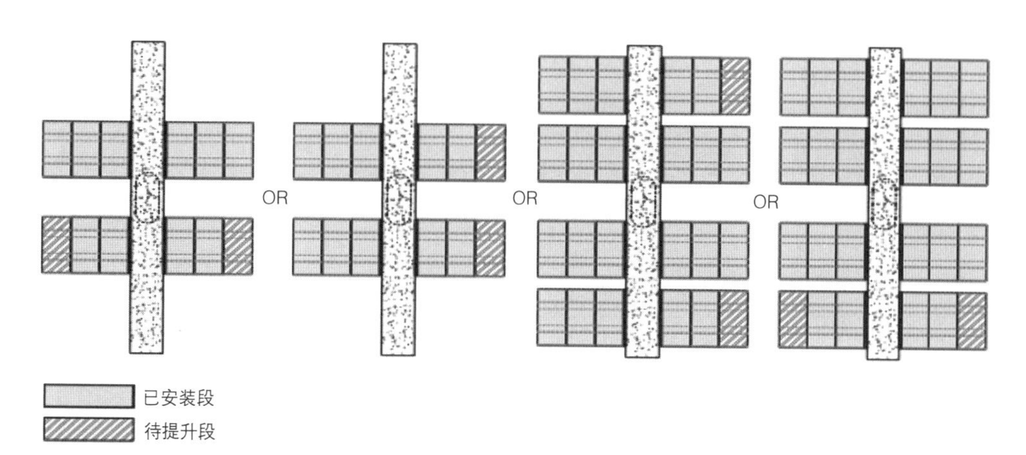

图7-33　对称悬臂拼装要求示意图

（二）特殊位置的结构要求

在只有三个车道并行的情形下，将会特殊要求最适宜的平衡解决方案。以本项目为例，设计图纸或是永久结构验算方面对此施工架设应有十分详尽的要求，如图7-34所示。

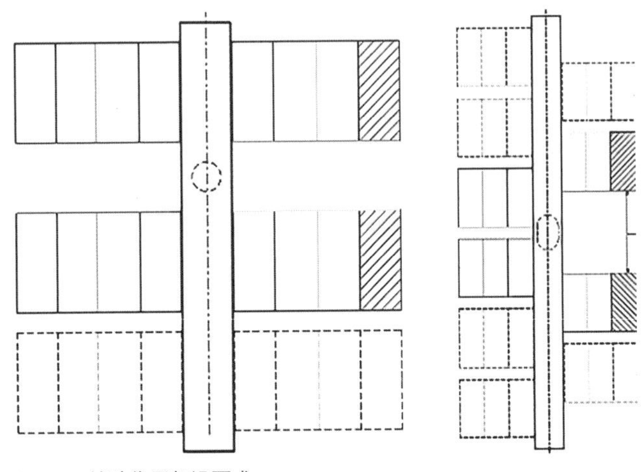

图7-34 特殊位置架设要求

（三）场地准备

施工区域划分清楚并隔离设路障；场地已清除所有的碎石；场地保持干燥、平整和压实；提供平衡悬拼节段安装区域的每一部分的地基承载力表；CR11检查所有的汽车式起重机的起吊位置的地面和地下情形。在较大吊车（100t～500t）支吊位置处如果有任何地面状况疑问的，应当使用施密特锤或GPR来检测地基是否存在空隙、岩洞等；现场TTA要就位和适当执行；任何有关墩柱、车道、路缘、路障或之类的存在损坏的地方要记录下来；电力安装完毕并且可用；在节段安装区域要有配电箱和正确型号的插座来提供足够的电力。在节段安装施工前要准备适当的混凝土块、枕木、钢板和胶合板。

（四）特殊盖梁管道安装与防护

假悬臂钢绞线是穿过现有盖梁顶部而不是像一般平衡悬拼钢绞线那样穿过盖梁中的管道。假悬臂钢绞线理应被起到引导和保护作用的波纹管包住，但在架桥机主支腿安装的地方或悬挂梁安装处或主支腿滑轨需要安装的地方，这些地方需要用到临时混凝土板来覆盖和保护管道。支座盖梁位置如图7-35所示。

临时混凝土的防护需要两种不同的安排，其一是直线段支座盖梁，需要对节段梁悬挂梁（只要首节节段）和主支腿进行防护，其二是曲线段支座盖梁，需要对悬挂梁（只要首节节段）和主支腿滑轨（在安装节段和过孔时需要主支腿滑动）进行防护。

以下为一般端跨盖梁上的管道的安装与防护顺序：

1.在盖梁顶部混凝土板的位置放置一块厚的塑料板

在两首节节段间安装管道。两波纹管要拧进到已经安装在两首节节段上的管道连接器里，并居中。注意：管道连接器必须要在节段在梁场浇筑时就安装到首节节段上。图7-36为特殊支座盖梁首节节段架设示意图。

2.在盖梁顶部浇筑混凝土板

当达到要求的混凝土强度时移除模板。如果需要的话，用吊车吊起1000mm×1000mm×250mm和1640mm×1000mm×250mm预制的混凝土块，放置在盖梁顶部。这些混凝土块是用于主支腿滑轨的。

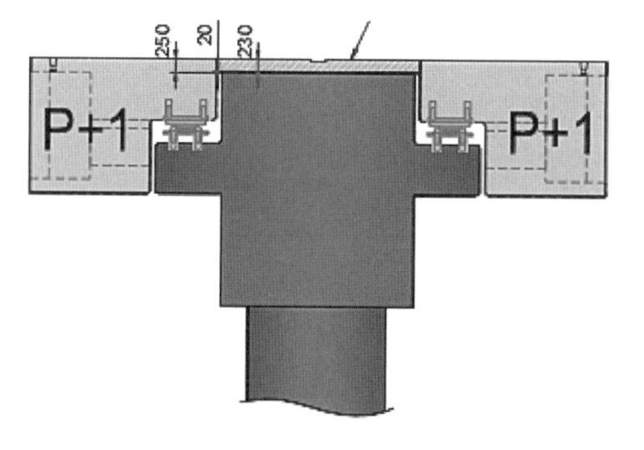

图7-35　支座盖梁位置

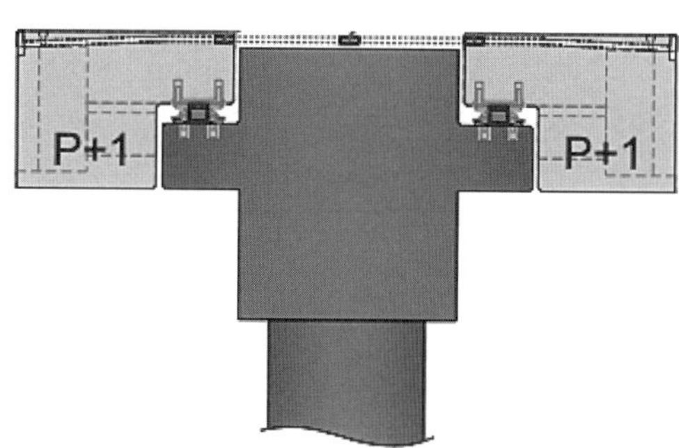

图7-36　特殊支座盖梁首节节段架设示意图

三、对称悬臂拼装首节节段架设

（一）首节节段架设准备工作

1.节段梁停位

提前与制梁单位以及拖车协调员联系，首先将所需要架设的P+1节段提前一天运到现场，拖车运送节段到达现场之后，拖车的停车位置需要考虑张拉平台的安装，在张拉平台安装的一侧预留6m左右的空间距离。首节节段现场停位如图7-37所示。

节段信息确认：架设前需检查节段编号是否正确，节段梁外观是否有明显缺陷，预弯钢筋是否已经全部弯起，检查剪力键、相关预埋件是否影响P+1节段的安装。

技术要点：拖车停车位置需要考虑节段安装张拉平台一侧预留6m以上的宽度，以便张拉平台的安装。

2.系紧梁的安装

安装2根Φ32mm、长度为1100mm螺纹钢穿过系紧梁与节段，在节段内部安装2根提升锚垫板，使用螺母进行拧紧固定；节段与系紧梁之间需要垫胶合板；检查系紧梁上4根32mm是否能够转动。螺纹钢安装如图7-38所示。

图7-37　首节节段现场停位

图7-38　螺纹钢安装

3.系紧梁张拉

图7-39　液压油管安装

将连接器连接到张拉螺纹钢上，安装张拉底座、千斤顶、承压板及螺母，最后使用液压油管连接千斤顶和泵站，同时接通电源；操作泵站张拉系紧梁到设计值，然后拧紧张拉底座内螺母；缓慢释放千斤顶压力，依次移除顶部螺母、承压板、千斤顶、张拉底座以及张拉加长螺纹钢。液压油管安装如图7-39所示。

4.张拉平台安装

安装一根Φ60mm的垂直销轴穿过节段顶部的预留孔洞，启动张拉平台的两个伸缩腿，顶住节段翼缘板，启动张拉平台顶部和底部的螺旋千斤顶分别压在节段顶板和腹板上，同时需要在螺旋千斤顶和节段之间垫胶合板；并检查张拉平台安装到位之后是否与节段测量点冲突。张拉平台顶部安装与张拉平台安装及节段吊装分别如图7-40与图7-41所示。

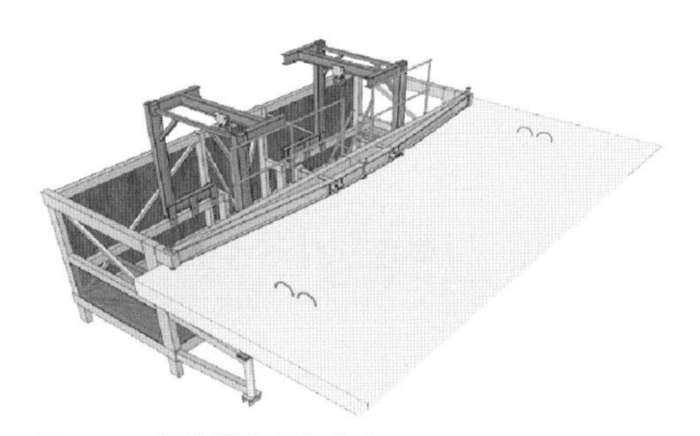

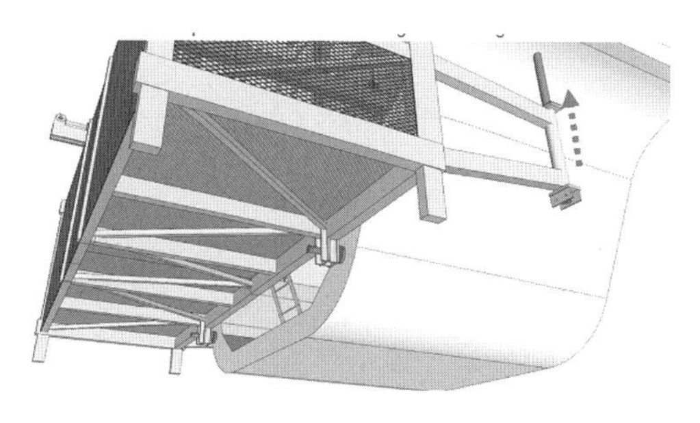

图7-40　张拉平台顶部安装

图7-41　张拉平台安装及节段吊装

5.安装上下悬架

注意上下悬架方向，使下悬架平台处于非匹配即非张拉平台安装端；降低上下悬架，连接上下悬架上的悬挂螺纹钢到系紧梁上，使下悬架底部距系紧梁上的距离为700mm；拧紧上下悬架上的悬挂螺纹钢螺母和备用螺纹钢螺母。

（二）首节节段架设

吊车缓慢提升P+1节段脱离拖车板，指挥拖车驶离节段底部，同时拉风缆控制节段方向使节段与悬挂梁进行匹配；指挥吊车使悬挂梁主梁处于节段与上悬架主梁之间，缓慢指挥吊车将节段向里面运送，然后操作液压油管推动滑动板，使滑动板销轴与上悬架底部孔洞对齐，缓慢降低节段使其滑动板销轴进入孔洞，同时保持上悬架底部与滑动板2~3cm距离为止；操作液压油管将节段往内拉动，使湿接缝宽度在250mm左右，缓慢降低吊车荷载，然后移除吊具到地面。吊装至悬挂梁及体系转换如图7-42和图7-43所示。

图7-42　吊装至悬挂梁上

图7-43　完成体系转换

四、对称悬臂拼装普通节节段架设

在首节节段完成吊装并进行固定、完成首节预应力张拉后，即可开始进行普通节段的架设。主要工序是从节段间的胶拼工作到完成相应节段的顶部悬臂预应力张拉。

节段胶拼是公路高架桥架设的中间工序，其主要分为两个步骤：节段匹配面环氧树脂的涂抹、节段临时张拉。

目前节段胶拼在公路段分为两类：普通节段胶拼即不加环氧垫片的胶拼、加环氧垫片的胶拼。其作用是加环氧垫片是消除P+1节段完成之后产生的线性偏差，防止两个半跨线性无法合拢的情况出现。

拼装完成后先预拉临时预应力紧固节段，临时预应力张拉完成后，即可开始节段悬臂拼装张拉工作，悬臂预应力张拉过程始于节段胶拼完成并结束于节段悬臂钢绞线张拉完毕，属于节段架设的中间工序。

（一）节段胶拼

1.节段匹配面处理

（1）检查节段匹配情况是否存在损坏，损坏部分涂胶时须着重注意多涂些环氧树脂，保证胶拼时此处不影响胶拼质量；

（2）用钢丝刷等工具清理节段匹配面混凝土表面的灰尘、白灰、浮渣及松散层等污物。避免一些区域附着一些细小颗粒，影响质量；

（3）使用毛刷再次清理匹配面灰尘；

（4）若匹配面是湿润的，需要使用通风机将匹配面吹干，以免影响胶拼质量；

（5）节段两个匹配面都需要安装O形圈，以免环氧树脂进入预应力孔道；

（6）若需要添加环氧垫片，先拌合少部分环氧树脂，使用卷尺将环氧垫片位置进行标记，戴橡胶手套在标记处涂抹少量环氧树脂，尽量涂抹厚度小于1mm，然后粘贴环氧垫片。

2.环氧树脂搅拌

将环氧树脂两种材料混合在一起，使用搅拌机进行搅拌到均匀，一般搅拌时间3~5min；搅拌第二桶环氧树脂时，最好等第1桶快涂抹完成时再开始搅拌，以免环氧树脂凝固，同时产生浪费。

3.环氧树脂涂抹

（1）严禁施工人员使用布手套进行环氧树脂的涂抹；

（2）涂抹环氧树脂需要从一个方向向另一个方向进行均匀涂抹，由于环氧树脂是胶体，粘性较大，所以涂抹时，最好一次涂抹到位，尽量避免进行多次涂抹；

（3）涂抹到预应力孔道时，孔道附近1cm处不要涂抹环氧树脂，以免挤压时将环氧树脂挤压到预应力孔道内。

环氧树脂的涂抹如图7-44所示。

图7-44　环氧树脂的涂抹

4.环氧树脂涂抹情况检查

（1）使用小铁丝插入节段匹配面环氧树脂中，使用尺子量取涂抹厚度，是否达到要求高于垫片处厚度1mm，测量位置最好保证在7处以上，若不足需要再次涂抹环氧树脂保证厚度要求；

（2）检查预应力孔道在涂抹环氧树脂时，是否孔道内有环氧树脂，若有需要清理干净；

（3）检查匹配面边缘环氧树脂厚度是否大于中间部分，保证匹配时环氧树脂能够挤压出边缘，不留缝隙；

（4）检查匹配面是否没有涂抹到位的地方，若有需再填补。

5.节段匹配贴合

（1）操作天车缓慢纵移，使两个节段进行贴合匹配；

（2）检查节段匹配之后的线性（测量点、节段腹板以及节段边缘）和标高（两节段高度是否一致）；

（3）检查节段顶板、腹板外侧、底板和节段内腔是否有环氧树脂挤出；

（4）节段顶部环氧树脂挤出之后，将测量点附近的环氧树脂进行清理，保持测量点的干净。

（二）临时预应力张拉

1.张拉组件安装

（1）安装承压板和螺母，同时需要注意安装承压板时，使螺纹钢处于承压板孔洞中间，不与承压板贴紧，同时拧紧螺母；

（2）安装张拉锚座、千斤顶、承压板以及螺母，在拧紧螺母时需要使螺母处于张拉锚座中间，推紧千斤顶，拧紧螺母。张拉组件的安装和张拉如图7-45所示。

图7-45　张拉组件的安装和张拉

2.节段顶部张拉到50%

（1）连通电源，安装液压油管；

（2）先张拉顶部临时螺纹钢到张拉力的50%；

（3）检查千斤顶冲程是否完成伸出，若完成伸出需要回缸，确保张拉的准确性。

3.节段底部张拉到100%

（1）连通电源，安装液压油管；

（2）张拉节段底部到100%，同时收回油缸冲程，拧紧螺母，再次张拉底部螺纹钢进行确定，是否满足张拉要求，最后拧紧螺母；

（3）检查张拉临时螺纹管是否绷紧。

4.节段顶部张拉到100%

（1）张拉节段顶部到100%，同时收回油缸冲程，拧紧螺母，再次张拉顶部螺纹钢进行确定，是否满足张拉要求，最后拧紧螺母；

（2）检查张拉临时螺纹管是否绷紧。

（三）悬臂预应力张拉

1.钢绞线穿设

施工人员安装塑料帽到钢绞线一端，使用黑色塑料胶带将其粘紧，操作升降车每次最多运送4根钢绞线放置到升降车上，提升升降车高度，施工人员将钢绞线穿设到预应力孔道中，使张拉端预留800mm以上的钢绞线长度，非张拉端预留500mm左右的钢绞线长度，一直穿到要求的钢绞线根数为止，同时在钢绞线穿设过程中，遇到穿不动情况时，转动其他已穿设完成的钢绞线，增大间隙。

2.机械钢绞线穿设

在钢绞线端部安装塑料帽，并使用塑料胶带粘紧；安装导向管，防止穿设过程中被堵住，钢绞线容易弯曲伤人；在非穿梭端安装木板挡住快速穿出的钢绞线；将钢绞线进行切割，张拉端留800mm以上，非张拉端留500mm左右；一直穿设钢绞线直到钢绞线根数满足要求为止。

3.锚具和夹片安装

在两端使用钢绞线梳理器梳理好钢绞线。将梳理器从钢绞线根部交叉插入，缓缓将梳理器拉至钢绞线端部。使锚具上的孔洞与梳理后的钢绞线一一对齐，将钢绞线一根一根穿入锚具的空穴里面，直到钢绞线全部穿入锚具后，敲击锚具边缘使锚具靠近锚垫板；将夹片沿着钢绞线塞入锚具的空穴，用夹片管敲击夹片，使两片夹片平齐且不能掉出；安装夹片时从中间空穴开始，然后安装外侧的，直至整个锚具的夹片安装完。

4.张拉千斤顶的安装

在张拉端的钢绞线端头每根安装一个铁帽，使用3个梳理器对钢绞线进行梳理；安装承压板，推动千斤顶与最长钢绞线对应孔道对齐并穿入，缓慢推动千斤顶与后面接触的钢绞线对应孔道对齐穿入，推动千斤顶贴紧锚具，最后安装油表。将液压管连接千斤顶和泵站，接通泵站电源，并测试泵站是否能够正常运行。钢绞线梳理如图7-46所示。

图7-46　钢绞线梳理

5.张拉

张拉前应先取得各个阶段的张拉力，并转换为油表读数。

退出千斤顶20mm左右，使用喷漆在千斤顶与锚具之间标记位置；推动千斤顶贴紧锚具；检查非张拉端夹片是否平齐；启动泵站，张拉C1到设计拉力的25%，使钢绞线完全伸直，抵消其初应力，然后回油至油缸完全缩回。

重新装好千斤顶，然后张拉C1到设计拉力的25%，将特制尺固定在钢绞线上，量取千斤顶端面至卡尺的距离，记录在张拉记录表上；张拉底部临时螺纹钢到100%。

张拉至设计值后，持荷5min后卸压回油缩缸。退出千斤顶，检查钢绞线上油漆是否平齐，平齐则表明没有滑丝；若不平齐则表明有滑丝现象，应当采取相应措施进行补救。

计算实际伸长量，并与理论伸长量进行对比，偏差范围在±5%内。

切割钢绞线：计算钢绞线伸长值符合要求之后，开始切割张拉端和非张拉端的钢绞线，但需要留2.5cm长的钢绞线长度。悬臂预应力钢绞线切除如图7-47所示。

图7-47　悬臂预应力钢绞线切除

五、预应力孔道压浆

顶部压浆施工是在公路节段梁架设完成之后，底部压浆是在底部后连续张拉完成之后，对节段顶部悬臂预应力孔道和底部后连续张拉孔道进行灌浆，保证预应力束不被锈蚀，同时增大钢绞线的使用寿命，也是保证施工质量和安全的关键。

预应力孔道压浆施工主要包括压浆帽的安装、孔道试气、孔道堵漏与修补、孔道压浆以及压浆帽的拆除与清理。

（一）压浆帽安装

使用黄油涂抹压浆帽内侧一层，需黄油全部涂抹到位，且黄油涂抹厚度至少1mm以上；安装压浆帽到孔道锚具上，并使用扁担梁与螺栓固定压浆帽，安装压浆嘴和压浆管，压浆嘴需安装在上面，扁担梁螺栓必须拧紧；压浆管长度预留600mm左右，不宜太短；水管夹必须拧紧，以免压浆时冲掉。压浆帽内黄油涂抹及安装如图7-48所示。

图7-48　压浆帽内黄油涂抹及安装

（二）孔道标记及试气

1.对预应力孔道以及各孔道出气孔使用喷漆进行标记，确保孔道标记正确，各个孔道出气孔数量也必须确定并标记，以免压浆时遗漏，造成压浆料浪费和污染桥面。

2.使用空压机对各个预应力孔道进行试气，检查各个孔道是否漏气，并标记漏气位置。

（三）预应力孔道修补技术

对张拉孔道开孔处进行修补：

1.对张拉开孔处安装波纹管并使用玻璃胶进行密封，如图7-50所示；

2.对开孔处洒水充分润湿，如图7-49所示；

3.使用修补水泥Nafufill KM250（1∶0.5~0.16）和Zentrifix KMH（水灰比为1∶0.19~0.18）进行修补，先表层涂抹一层Zentrifix KMH粘黏层，然后涂抹水泥Nafufill KM250，如图7-50所示。

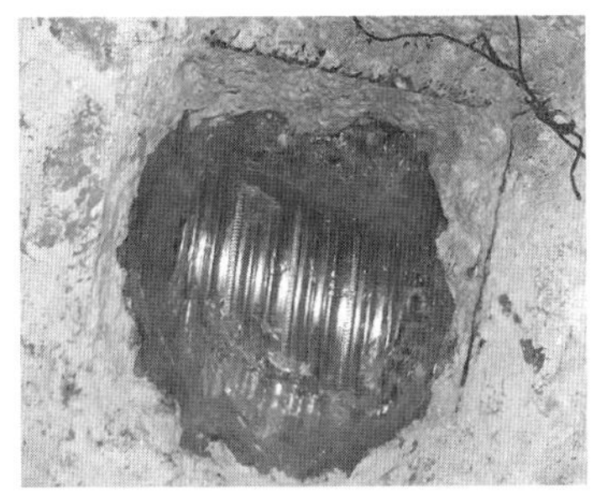

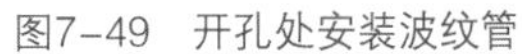

图7-49　开孔处安装波纹管

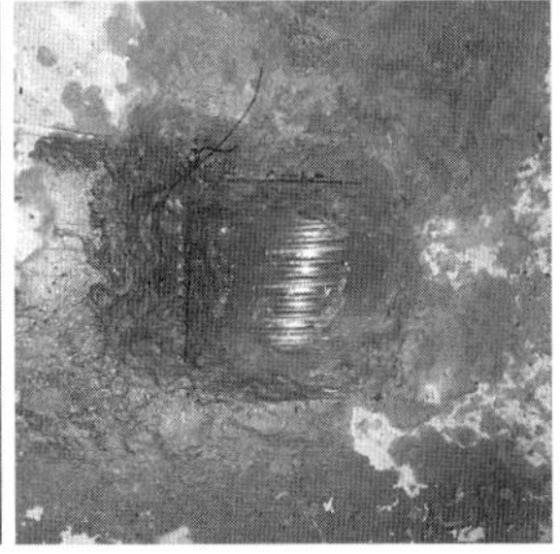

图7-50　局部孔道修补

（四）孔道压浆

对预应力孔道进行压浆，直到预应力孔道中出气孔出浆以及出浆孔出浆质量与压浆料一样时系紧压浆管，对孔道压浆加压到5bar时停止；重复上述步骤直到所有预应力孔道压浆完成；压浆完成之后对压浆设备进行清理，并使用雨布对压浆设备进行覆盖。压浆水泥流动度测试和试块制作如图7-51所示。

图7-51　压浆水泥流动度测试和试块制作

六、对称悬臂拼装中跨合龙施工

中跨湿接缝施工是在公路节段梁架设完成之后，对两侧悬臂节段梁线性标高进行调整，使其合龙完成后节段梁的线性亦完全符合设计要求，也是保证施工质量和安全的关键。

中跨湿接缝施工工艺手册主要包括调整梁和临时张拉组件的安装、湿接缝准备工作、湿接缝钢筋笼和模板的安装、第一束钢绞线穿设与张拉、浇筑前准备工作、浇筑具体的工作流程及浇筑过程中涉及的应急预案，手册旨在标准操作、细化流程、突出重点、防范问题。

（一）湿接缝施工准备工作

1.钢筋笼绑扎及吊装

内部湿接缝垫块间距800mm，外部垫块间距500mm；混凝土垫块需要绑扎牢固；钢筋绑扎需要采用十字绑扎法；使用电动葫芦提升钢筋笼，并使用钢筋固定钢筋笼到节段上，如图7–52所示。

2.外模吊装及密封

使用角磨机提前将湿接缝模板打磨光滑并涂上脱模剂；按施工顺序，调整梁张拉完成之后才能进行模板的吊装，防止主梁侧翻；模板提升到位后注意提升高度，检查各方位后再进行拉紧，防止超载；检查湿接缝钢筋笼与模板间是否存在间隙，防止漏筋；提升模板时需保持模板水平；吊装区域需要进行隔离。

使用铁皮、木条和密封胶密封外模，当缝隙较大时，在模板和梁面之间塞铁皮，并在铁皮和模板之间塞胶合板支撑，最后用泡沫胶进行密封，当缝隙小时，之间用泡沫胶填充缝隙密封，顶部两侧边采用泡沫板隔离密封，如图7–53所示。

图7–52　钢筋笼吊装装置

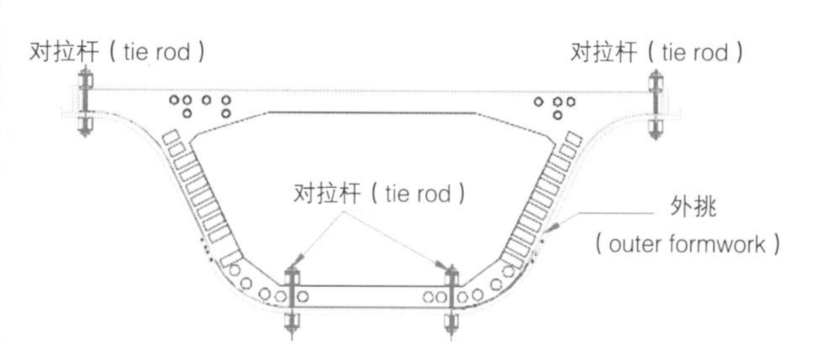

图7–53　外模外扩固定及吊装固定

3.安装波纹管

不同根数钢绞线对应波纹管大小如表7-1和图7-54所示。

波纹管连接器参数要求表　　表7-1

钢绞线根数	波纹管内径 /mm	连接器内径 /mm	连接器长度 /mm	
12	80	85	240	注：连接器长度可以根据实际情况进行调整
15、17、19	95	100	285	
22	100	105	300	

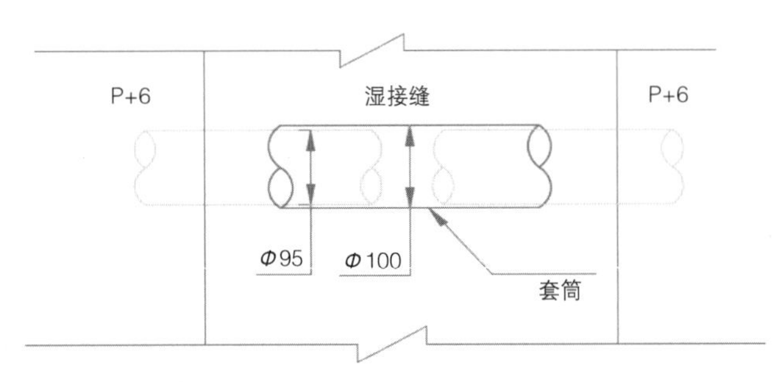

图7-54　波纹管安装方式

提前测量湿接缝宽度并准备好波纹管，波纹管切割表见表7-2。切割波纹管长度必须大于或等于表格数据要求；切割波纹管完成后，必须打磨管口清理毛边；波纹管切割完成后，将一大两小一套波纹管拧入大波纹管内，并按类摆放整齐；切割人员必须佩戴防护面罩、安全手套；

将整套波纹管放入湿接缝中对应的位置，反向拧出波纹管进入节段内，如图7-54所示；波纹管必须拧入节段内5cm左右；安装完成后，检查波纹管是否可以摇动，需拧紧固定。波纹管安装密封如图7-55所示。

波纹管切割表　　表7-2

湿接缝宽度 /mm	钢绞线根数	节段波纹管内径 /mm	连接器内径 /mm	连接器长度 /mm	节段波纹管长度 /mm	备注
350	12	80	85	230	160	
	15、17、19	95	100	230	160	
	22	100	105	230	160	
400	12	80	85	280	160	
	15、17、19	95	100	280	160	
	22	100	105	280	160	

续表

湿接缝宽度 /mm	钢绞线根数	节段波纹管内径 /mm	连接器内径 /mm	连接器长度 /mm	节段波纹管长度 /mm	备注
450	12	80	85	330	160	
	15、17、19	95	100	330	160	
	22	100	105	330	160	

用玻璃胶将波纹管与第6个节段之间的缝隙进行密封，使用海绵胶带将波纹管与第6个节段节段间进行密封，使用黑胶带将波纹管与波纹管连接器间进行密封；波纹管与节段间必须采用玻璃胶密封；波纹管与波纹管连接器之间需使用黑胶带密封。

4.安装湿接缝内模

内模板由9部分拼接而成，通过6根对拉杆与外模拉紧，各个部分之间通过连接块和四个螺栓连接。内模的安装从腹板拐角往两边依次安装完成；安装内模板时，模板居中对齐，避免中间模板对接时出现错位；内模密封在外部密封，若缝隙较大，使用铁皮和胶合板进行密封。

5.钢垫块安装

安装钢垫块的目的是在张拉时提供支撑力和钢绞线的拉力形成稳定的结构体系，是湿接缝系统中重要的一环，安装位置如图7-55所示：将支撑架放在设计位置并使用铁板垫高支撑架50mm；用外楔夹紧内楔并用扎丝固定并一起放进支撑框架中间；内外楔放在湿接缝大致中间位置，两边铁板保持大致相等；外楔表面涂抹一层黄油增大润滑，以便后期拆除。

在内外楔两侧塞20mm铁板，当缝在10~20mm之间时，塞进一个10mm厚铁板，通过上紧调节螺丝使内使外楔涨开，直到所有铁板被压紧；拧螺丝时注意观察不要使调节螺栓碰到模板；钢垫块两侧采用泡沫板进行隔挡密封，如图7-56所示。

图7-55　波纹管安装密封

图7-56　钢垫块密封

泡沫板与内模间需保留5cm以上间隙，以便后期混凝土下落；检查密封性，防止钢垫块内进浆，无法拆除。

6.顶部临时张拉

安装张拉锚座、张拉顶、垫块以及螺母，并用三通油管将张拉顶与泵站连接；测试泵站、油管和张拉顶使用性能；操作泵站张拉顶部临时螺纹钢到200kN；须检查临时张拉组件底部垫块螺母是否拧紧；检查球型垫块不在临时张拉组件孔洞中心时，须要将垫块用胶合板垫起，同时拧紧球形螺母，使球形螺母与垫块充分吻合，如图7-57所示。

图7-57　张拉设备安装

张拉前须将张拉锚座抬起使球形螺母处于张拉锚座中心；张拉时须注意张拉顶行程不要超过20mm，以免损坏泵站；张拉完成后，须重复张拉确认一次张拉力数据；张拉完成后，须检查螺纹钢的绷紧情况；张拉时，作业人员不能处于螺纹钢正前方；操作人员须佩戴眼镜，防液压油飞溅。

7.底部钢绞线张拉

在浇筑湿接缝之前，需要先对底部一对钢绞线进行张拉，张拉至840kN或者设计张拉力的25%（两者取小值）。钢绞线安装到钢绞线笼中使用lorry吊将钢绞线调运到现场，将钢绞线外皮剥离并将钢绞线笼分离成两半，吊装钢绞线进入钢绞线笼中，使用螺杆拧紧固定钢绞线卷，使用铁皮剪将捆绑固定钢绞线的铁皮慢慢剪断释放，将钢绞线端头通过钢绞线笼拉出，并使用铁丝将其捆绑固定。表7-3为非张拉端与张拉端钢绞线预留长度控制表。

钢绞线方向与钢绞线笼的方向须一致，钢绞线端头放置在钢绞线笼后侧。

非张拉端与张拉端钢绞线预留长度控制表　　表7-3

钢绞线根数	锚具类型	张拉端长度 /mm	非张拉端长度 /mm
12	12 孔	800	500
15、17、19	19 孔	1100	500
22	22 孔	1200	500

锚具和夹片安装：当非张拉端在端头支座节段和普通首节节段之间时，由于空间狭小，必须直接将钢绞线穿入锚具中，穿束完成后及时安装夹片；当穿束普通预应力孔

道时，直接使用穿束机或人工穿束完成，然后安装锚具和夹片。

采用直接穿入锚具法时，钢绞线必须由一个方向朝另一个方向（从下到上，由内而外）依次排列；穿束之前钢绞线端头要安装塑料帽并用胶带缠紧，不能在钢绞线端头涂抹黄油。

夹片打紧时，需同时敲击两片，使夹片不出现错台，防止滑丝；夹片安装时，需要区分夹片类型，公路后连续全部使用15.24夹片，假悬臂全部使用15.7夹片；操作手拉葫芦释放千斤顶到达节段内部；在张拉端的钢绞线端头每根安装一个铁帽，使用3个梳理器对钢绞线进行梳理。

安装承压板，推动千斤顶与最长钢绞线对应孔道对齐并穿入，缓慢推动千斤顶与后面接触的钢绞线对应孔道对齐穿入，推动千斤顶贴紧锚具，最后安装油表；通过手拉葫芦调整千斤顶张拉角度，使千斤顶承压板贴紧锚具。千斤顶角度调整如图7-58所示。

图7-58　千斤顶角度调整

8.张拉

张拉前检查非张拉端夹片是否平齐；启动泵站，张拉第一束预应力束到设计拉力的25%或840kN即100bars。

（二）中跨湿接缝浇筑

用空压机从腹板顶部吹风，将模板内杂物吹到底板，再将顶板和底板的杂物清理干净；准备15个试模（150mm×150mm×150mm）清理干净，放平并涂上一层液压油；在需要打湿接缝的两个梁面上喷水，提高新旧混凝的结合性；准备需要的工具，检查振动棒工作是否正常；吊车选好位置站位，吊装料斗至合适位置。

操作步骤：预定G50早强微膨胀混凝土2m^3；将混凝土放入小推车中，进行混凝土坍落度实验及试块的制作。

将料斗适应水润湿，将混凝土放入料斗中，吊装到湿接缝上方；浇筑混凝土前先将振动棒提前插入到腹板底部接近波纹管的位置。振动棒位置如图7-59所示。

匀速放入适量的混凝土（250～300mm高）到腹板位置，打开振动棒振动30～60s；用小振动棒从内模开口处进行振捣，使混凝土填充填实底板位置；提升振动棒上升大约0.5m，继续放入混凝土振动30～60s；重复以上步骤直到整个腹板混凝

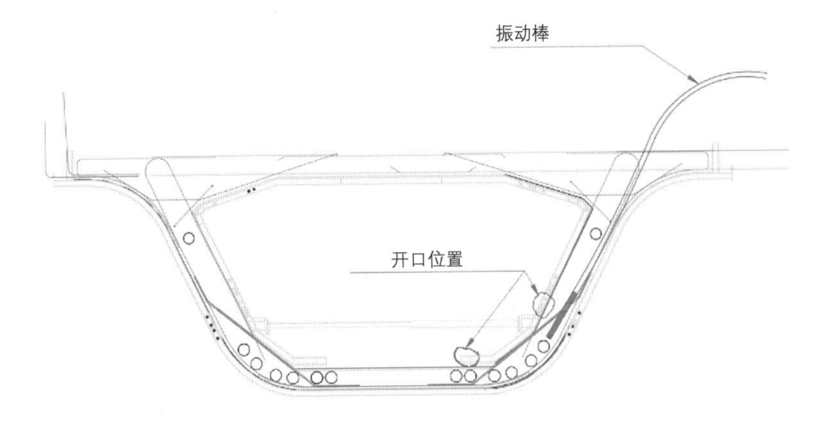

图7-59　振动棒位置

土振捣均匀；转移振动棒到另一侧腹板重复以上步骤；顶部浇筑混凝土并进行振捣；用灰桶转移适量混凝土到底板中间并进行振捣；用灰铲将混凝土表面抹平；对混凝土表现进行养护。

浇筑之前需要在湿接缝的两个梁面上喷水，提高新旧混凝的结合性；凝土浇筑后，应随即进行振捣，振捣时间要合适，一般可控制在25～40s；插入时宜稍快，提出时略慢，并边提边振，以免在混凝土中留有空洞；振捣过程中注意避开波纹管位置；混凝土采用分层浇筑法每层一般在250～300mm左右；匹配面需凿毛；湿接缝浇筑只能在晚上22：00～04：00之间；湿接缝需用养护剂养护到位，养护时间在第二天上午8点进行，每隔2～3h1次，连续养护3d；混凝土表面停止沉降或沉降不显著；振捣不再出现显著气泡或振动器周围无气泡冒出；混凝土表面呈现平坦、泛浆；混凝土已将模板边角部位填满充实。

钢垫块处第二次浇筑：浇筑后第二天晚上，在拆除外模之前须进行二次浇筑将钢垫块部位留的空隙填平。清理干净钢垫块处泡沫板及垃圾并表面凿毛处理。钢垫块处清理如图7-60所示。

图7-60　钢垫块处清理

安装波纹管并密封完成；浇筑前，浇水润湿表面并浇筑湿接缝混凝土，使用振动棒振捣到位；使用灰铲将表面手平并清理干净多余的混凝土；泡沫板必须清理干净并表面凿毛；接触面需要润湿；波纹管需要密封严实。

（三）第一束预应力束张拉

混凝土浇筑完成后第三天，对混凝土试块进行强度测试，当强度达到20MPa后，开始第一束预应力束张拉。

（四）调整梁的拆除

松张顶部临时螺纹钢并抽出；拆除临时张拉组件底部垫块；按前-中-后的顺序依次松张调整梁上三组（6根）螺纹钢并拆除；将扁担梁吊下；将连接座拆下；将调整梁主梁吊下；将临时张拉组件吊下；松张螺纹钢时，顶部垫块与千斤顶间预留10mm间隙，松张时两侧需同时松张。

七、关键技术小结

节段梁“双对称悬臂拼装”关键技术特点为：

（1）对周边环境影响小，利于交通道改、不影响既有线路上通车；

（2）适用于本项目单墩T型钢构不允许整孔架设的特点，两台架桥机对称盖梁两端同时架设，最大限度地减小了对结构不对称的影响；

（3）减少施工荷载的影响，简化结构设计。

第三篇

成果及经验交流

本篇主要总结了项目取得的成果和经验，包括设计、管理、施工等方面的创新。同时我们对于在新加坡项目建设过程中取得的宝贵经验，进行了分享，以期能够对类似工程起到一定的指导作用。

This part has mainly summarized the achievements and experiences in the project, including the innovation for the design, management and construction. Simultaneously, we also have shared the valuable construction experiences for the Singapore country in order to be able to play a certain guiding role in similar projects.

Part III

Achievements and Experiences

第八章　成果总结

Chapter 8　Summary of Results

本章主要从设计创新、管理创新、施工创新三个方面，对项目的主要核心成果进行详细介绍，以期能够在今后类似工程当中得到推广和应用。

第一节　设计创新成果

Section 1　Design Innovations

一、芯壳分离分段结构设计

本项目首次创新使用城市桥梁芯壳分离分段结构设计，提出了基于芯壳分离分段的矢量法永久模板调整技术，攻克了非预应力永久壳膜结构预制和架设、壳模整体化临时张拉预固定等施工技术难题。针对新加坡城市环保要求、空间大小限制，以及线路经过高达65家厂区及16处路口等因素，设计上对盖梁结构进行了合理的分壳段预制。

第一阶段：首先是芯壳分离。

第二阶段：结构分段，包括对应的外壳和芯部均需分段。

第三阶段：新旧混凝土结合，施加预应力，芯壳结合形成整体。

采用MIDAS FEA软件建立盖梁的有限元模型。其中，壳体和芯部现浇混凝土均采用实体单元，浇筑芯部混凝土时设置的横向对拉装置采用梁单元模拟。

二、芯壳分离分段结构设计的现场应用

对于取出的薄壁壳模结构从尺寸上进行划分，满足预制、吊装、运输等要求，利用干接或湿接缝辅以剪力键等方式进行连接形成整体。芯壳分离薄壁壳模结构施工过程如图8-1所示。

三、公铁二合一桥梁结构设计及现场应用

主线公路、铁路同线区域采用了下层公路桥梁+上层铁路桥梁的设计方案，对于此

图8-1　芯壳分离薄壁壳模结构施工过程图

图8-2　下层公路+上层铁路的双层高架结构

类型盖梁的这种施工方法在新加坡乃至东南亚均属首次，全线施工全部位于既有公路线上，单片预应力盖梁施工完成后限界和既有线同宽。下层公路+上层铁路的双层高架结构如图8-2所示。

第二节　管理创新成果
Section 2　Manage Innovations

一、创新项目所在地对外管理机制与架构

新加坡项目管理模式，与我国差异巨大，通过不断调整摸索，最终项目融合国内管理模式，坚持项目管理两级一体化模式，强调技术先行理念。

新加坡项目按照项目两级管理模式，中铁十一局指挥部设立技术中心，各项目部成立技术部。局指设总工，技术中心设经理、专业部门经理和工程师。各项目设总工、技术部长和工程师。

技术中心负责项目的科技创新管理、新技术开发及应用、施工详图设计、内部方案审核与报批、难点和现场技术问题攻关以及日常的技术管理工作，并指导项目部技术部门开展技术工作。

项目部技术部主要负责方案、图纸等的对外报批，现场问题的沟通处理，方案的编制和研究等，在技术中心业务指导下开展一些技术管理工作。项目部技术部职能方面和国内基本相似。

技术中心是在新加坡项目背景下运作的一种新的管理模式，具有其特殊的背景和历史原因。但也是新加坡项目的技术龙头。

二、施工详图一体化联合设计模式

新加坡项目技术体系和国内最大的区别之一就在图纸层面。施工单位从设计单位拿到的图纸虽然名为“施工图”（Construction Drawing），但实则和初步设计比较相近，难以直接用于施工，同时在业主相关标准或合同文件中亦对设计图纸有十分清晰的定位和明确，设计图是概念上的或是初步的图纸，要升华到可使用于现场须经历细化和设计更改，即所谓的深化设计，以满足现场施工需求，和国内联合设计比较相似，但更加深入，可以理解为是设计施工一体化模式的一种体现，即施工详图一体化联合设计。项目设计管理体系如图8-3所示。

一体化联合设计的目的在于出具可操作性强的施工详图，且要在详图设计过程中发现差错遗漏，进行协调纠正。为了确保设计严谨有效，项目针对不同结构部位详图的设计建章立制，建立了严格的内部三级会审制度、融入当地做法并加以改进的技术会议留证及会签制度，及与现场和设计的交互式会议沟通机制，建立了针对不同结构

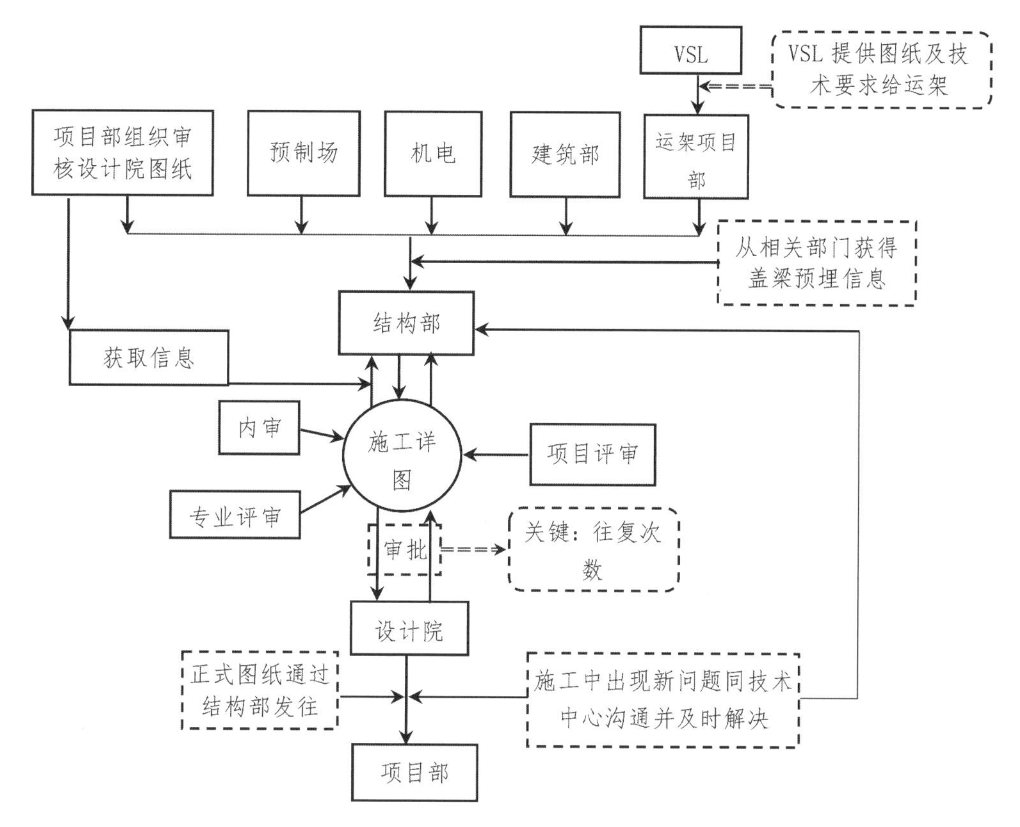

图8-3　项目设计管理体系

的专题研究小组制度、灵活多样的技术人员分工制度、整体目标不变过程动态的工作量化制度等。项目部制定了技术信息研究、专项协调、详图设计、图纸会审、设计协调、图纸报批、现场协调反馈流程。通过施工项目一体化联合设计，成功解决了初步设计不详细，可操作性不强等问题，为项目顺利开展奠定了基础。

第三节　施工创新成果

Section 3　Construction Innovations

一、基于芯壳分离分段的矢量法永久模板调整技术

对具有相似结构外形、不同具体线型、不同横坡或纵坡的巨型壳模结构，采用组合拼块模板进行预制，一般将分为直线段、曲线段。首先将预制的一段壳模上部或外部参照物定位一点为基准点，参照或匹配预制其他壳模时，不论其他壳模线型相对先预制壳模如何变化，将模板分为几个部分后对不同线型的壳模预制模板进行矢量法调

节，保证矢量和不变，可以根据设计变化调整矢量方向和大小。

模型矢量调节法改变了传统模型思路，将边段模型采用“1+1+1+1”的组合形式，即弧线段+过渡直线段+平弧段+端模的组合形式。由于盖梁边段受线路变化的影响主要通过过渡直线段体现，且边段模型在预制过程中采用的坡度均为+3%横坡，“S”弧线段可以顺横坡移动。平弧段由于体积太大定位不易，所以只能做垂直移动，这样在边段调整过程中，通过矢量组合的形式，由“S”弧线段的准水平移动和平弧段的垂直移动完成边段位移，过渡直线段连接两个弧线段，完成线路幅度的变化。最后端模根据不同横坡进行旋转实现边段与中段的完美过渡，边段模型的调整由此完成。图8-4为矢量法原理应用及边段底模测量放线立面图。

(一) 短孔预应力孔固定和预应力锚穴施工技术

壳模结构为后期预应力体系预留孔道，永久预应力孔道的定位和成型质量对整个结构至关重要，成型后质量有保障。在混凝土灌注的高冲击力作用下精度仍可得到保障，满足生产需求。

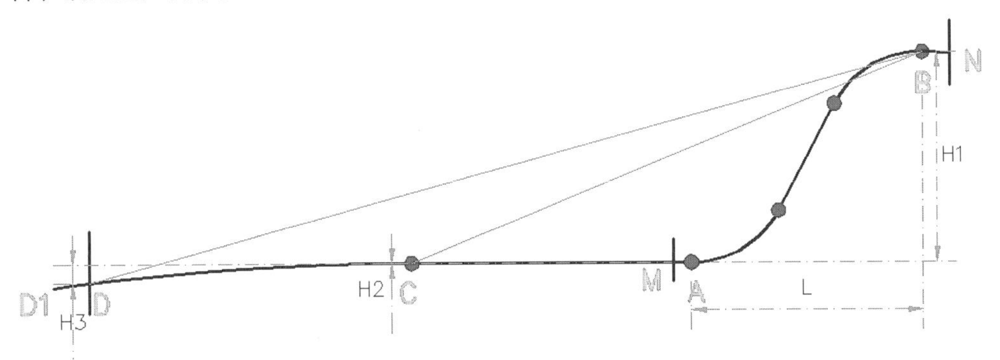

图8-4　矢量法原理应用及边段底模测量放线立面图

（二）大开孔施工成型技术

施工过程中，壳模结构需要在成孔部分，对墩柱进行第二次浇筑，结构上预留空心孔，确保后期壳模结构内部钢筋与凸台钢筋连接，形成一个整体。同时，使用钢板网加泡沫板成孔，待灌注成型后，将泡沫板打开，取掉钢板网，成孔工艺完成。钢板网后完成的壳模结构实例如图7-8、图7-9所示。

（三）变角度锚穴成型技术

本方法将凹嵌式装置应用于壳模结构锚穴成形，取得了良好的效果。图7-11为锚穴模型安装及混凝土成型实例图。

二、非预应力永久壳模结构架设施工关键技术

（一）非预应力永久模板结构吊装及空间定位技术

将结构上进行细部划分，将空心薄壁结构作为永久模板，然后采用分段对称吊装至墩顶支架上。盖梁中间段永久模板和边段永久模板吊装如图7-18所示。

（二）中间壳模吊装主动承接技术

中壳模支撑托架上4个竖向千斤顶位于托架滑板上，滑板上连有纵向和横向油缸，通过“四点受力，三点平衡”，实现精确调整中壳模空间位置，如图7-5所示。

（三）芯壳分离分段结构体系转换技术

将一个永久结构进行“外科”手术式分离、分段，即首先以自身混凝土的一部分作为“模板”—非预应力永久模板，同时其还要分离成三段—一个中间段和两个边段，其次在每一段内还要将内部混凝土的浇筑、对接，使得对称悬臂拼装结构能够更加稳定和有效地完成分离、分段的对接，综上即所谓的芯壳分离、分段结构体系转换技术。本技术的关键核心即为：分离、分段、拼装、转换，几个方面的因素缺一不可。芯壳分离分段结构施工过程如图7-6所示。

三、短线匹配法节段预制施工关键技术

通过遵循完善的施工工艺和流程，运用节段梁几何监控软件，保证节段梁预制的顺利进行。短线法关键在于几何监控，通过借助先进的软件技术，对测量原始数据进行转换与校核，使得节段梁线性监控变得十分方便和有效。

（一）节段封闭灌注振捣技术

节段梁方量少，内腔空间小，采用分层灌注工艺，节段梁底板及腹板下部采用全封闭式附着式振动器振捣技术。分层浇筑对节段梁灌注来说尤其重要，它关系到节段梁波纹管的成型质量和后期张拉梁体的受力状况。标准节段梁灌注需分8层浇筑，每层厚度不大于300mm。图8-5为节段梁灌注分层示意图。

节段梁体内预应力灌多众多，灌注过程中必须注重对锚垫板组件及波纹管的保护。大体积混凝土容易产生裂缝，灌注过程中需进行温度监控，同时避免在白天高温时间灌注混凝土。

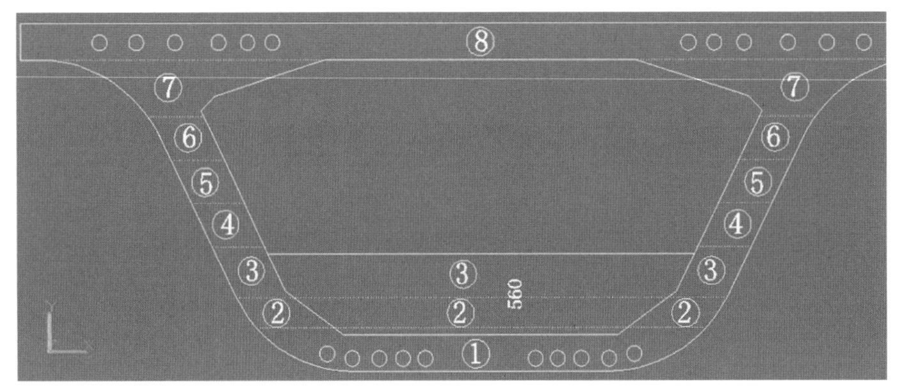

图8-5　节段梁灌注分层示意图

（二）预埋件创新精确定位技术

统一优化图纸，将预埋件及预留孔的定位尺寸固定为参照节段梁固定端及横桥向梁体中心线，提高了识图及图纸交底效率的同时也降低了人工失误的可能性；将预应力设计方提供的圆柱形临时张拉平台预留孔优化为圆台型空洞，采用自制成孔器制孔，

提高了工效，减少了拆模混凝土破损。图8-6为成孔器及孔洞成形图。

将预埋件及预留孔定位工装与同一钢架联系固定，采用外部定位工装，从模型等相对稳定处安装固定，减少依靠梁体自身钢筋笼进行定位的方式。预埋件定位如图8-7所示。

采用多角度锚垫板定位装置进行施工，在二次设计阶段将锚垫板处的锚固Z轴及Y轴坐标固定为4个值，采用自行设计的多角度选择模板定位装置固定、旋转调节锚垫板的角度使其满足设计中的不同倾斜角。图8-8为多角度锚垫板定位装置安装及定位成型图。

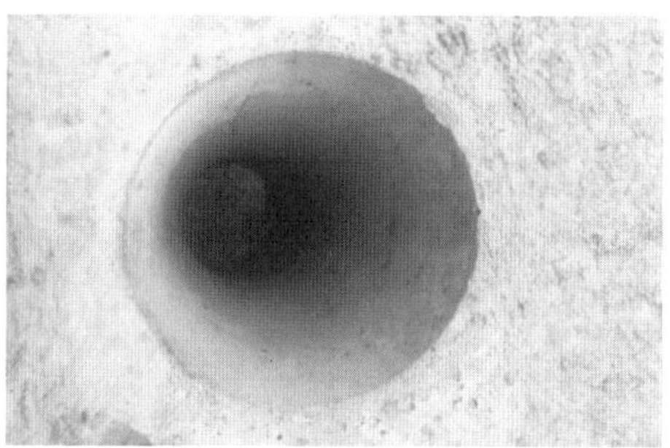

图8-6　成孔器及孔洞成形图

图8-7　预埋件定位

图8-8　多角度锚垫板定位装置安装及定位成型照片

（三）节段体外加劲撑二次浇筑技术

国内外桥梁工程中也有一些挑臂加劲撑工程案例：如上海崇明长江大桥体外预应力预制节段拼装；德国东部高速公路组合结构桥梁。本项目C1687标公路节段梁停车带采用挑臂加劲撑结构，含LAYBY节段梁116节段，占据合同任务的比例不大，但其工作任务涉及悬臂加劲撑、顶板横梁的二次浇筑及主筋的锚固方式问题，使其成为公路节段梁预制任务中的重难点工程。预制施工中首次采用二次浇筑方式，将浆锚钢筋锚固技术、钢筋植筋技术应用到施工方案中，取得了显著效果。图8-9为原设计结构示意图。

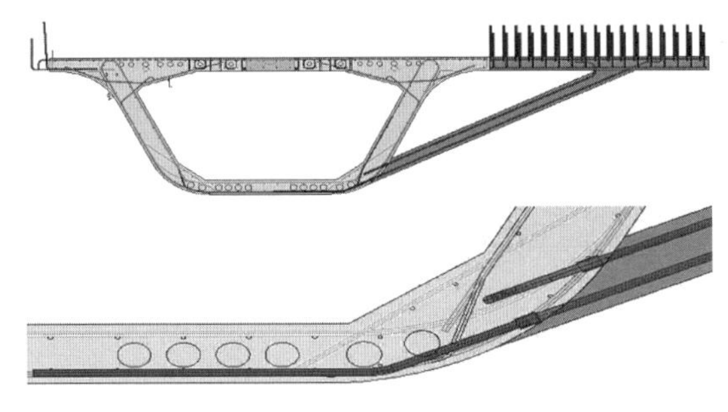
图8-9 原设计结构示意图

（四）节段梁预制线性偏位控制技术

1.节段梁预制标高偏差控制

首个节段预制一般是采用一端设置固定端模，另外一端以活动端模定位待浇梁段的施工工艺。而由于节段梁长度不同，活动端模一般为内嵌结构，其定位较为困难，再加上混凝土浇筑时挤压力等因素，极易导致活动端模上浮，节段梁远离固定端模侧标高超高。图8-10为节段梁预制标高偏差示意图。

2.预制时匹配节段梁移位转动偏差控制

非首个节段梁预制，为保证节段梁端面完全咬合、提高预制线型精度，所有节段梁均须采取匹配预制，即待浇梁一端以固定端模定位、另一端以上一预制节段固定端模侧定位，调整匹配梁的位置并固定，从而对待浇梁精确定位。在预制过程中，由于匹配梁定位不牢、浇筑混凝土的侧压力、附着式振捣器作用等施工因素，导致匹配梁转动移位。图8-11为节段梁预制位移转动偏差示意图。

3.架设时拼缝不严误差控制

节段梁架设拼装时，由于剪力键破损、节段梁表面杂质清理不干净、节段梁拼接面环氧树脂涂刷不均匀及施加临时预应力不同步等原因，均会造成节段梁间匹配不严实，直接影响成桥线型，因此在节段梁拼装过程中不仅需要提高施工工艺水平，还应在架设过程中及时监控和调整，如图8-12中实线表示节段梁架设理论位置，填充节段为已架设节段梁，虚线为预测节段梁位置。

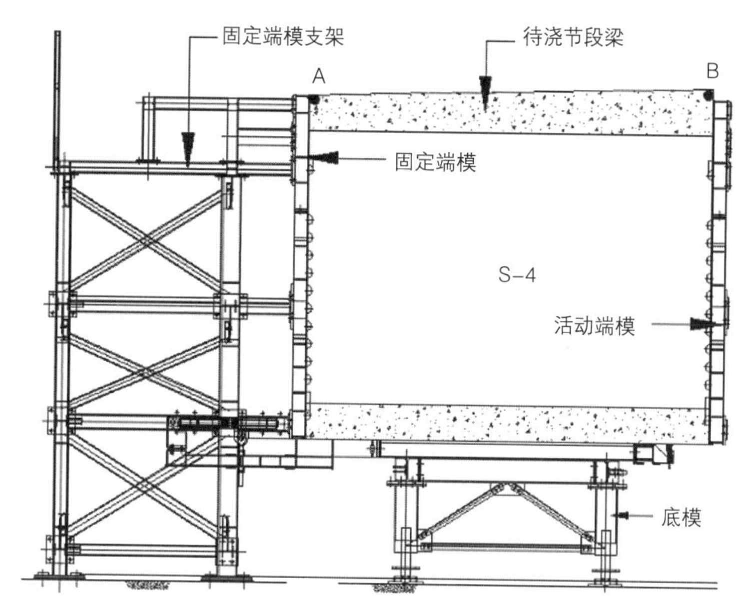

图8-10　节段梁预制标高偏差示意图

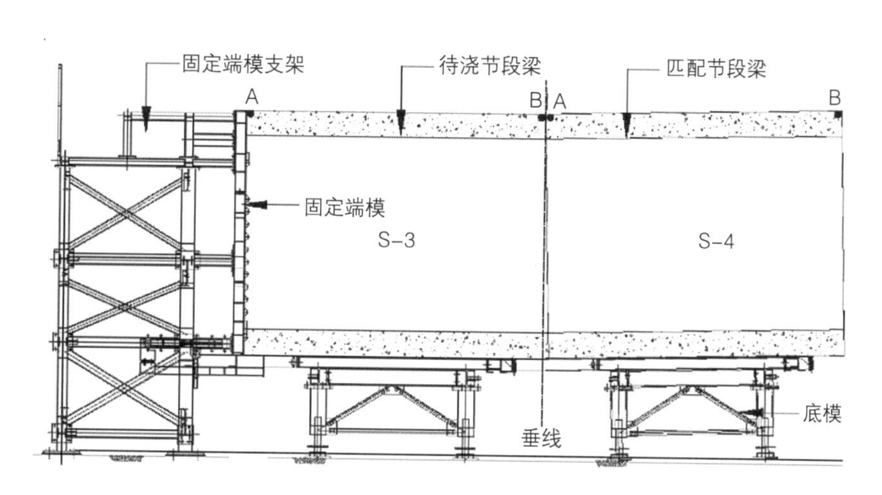

图8-11　节段梁预制位移转动偏差示意图

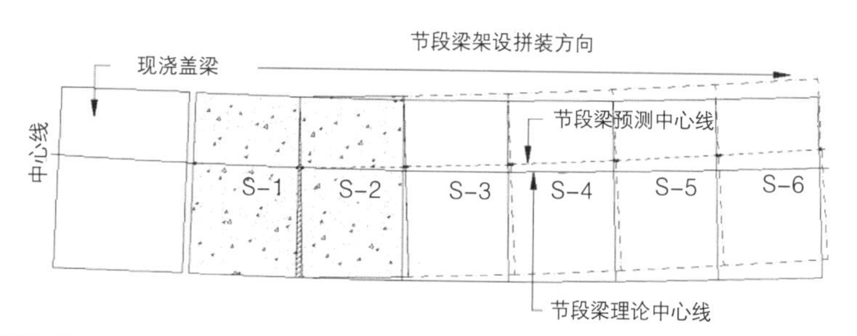

图8-12　节段梁架设偏差示意图（悬臂架设）

四、短线法预制拼装技术

（一）全高架整孔节段拼装施工技术

使用HP450型单主梁节段拼装架桥机，通过首节段定位、节段提升、临时张拉、胶拼、预应力张拉等工序逐跨完成节段梁架设，并攻克了大跨度架设和小曲线架设等技术难题。HP450型逐跨拼架桥机极限曲线架设及过孔原理如图8-13所示。

（二）短线匹配预制梁对称悬臂拼装技术

对称悬臂拼装是以墩柱盖梁为中心、对称装配节段梁的架设方式，对称悬臂拼过程

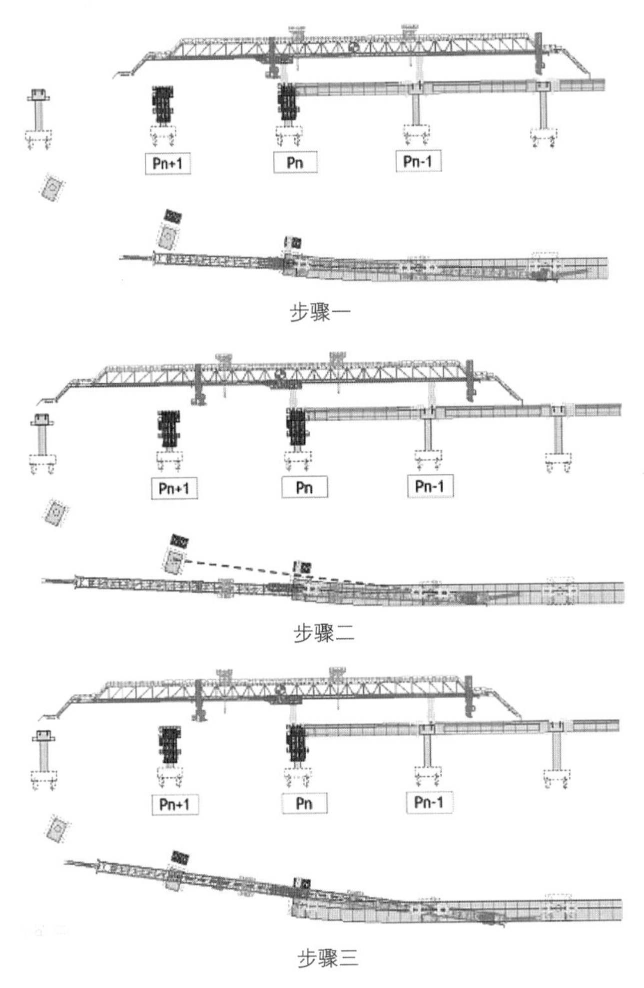

图8-13　HP450型逐跨拼架桥机极限曲线架设及过孔原理图

图8-14　首节节段安装

须要避免对盖梁、墩柱产生超过设计要求的不平衡力。针对对称悬臂拼装节段梁对称性架设的特点，我们专门设计了对称悬臂拼装节段拼装架桥机、对称悬臂拼装桥面吊机、悬挂架和自提升P+1架设装备。首节节段安装如图8-14所示。

五、城市公共交通工程施工线型控制技术

（一）极限曲线桥梁测量控制技术

站线曲线半径达到190m的同时又伴有线路纵坡(线路方向竖向最大纵坡达3%)，节段划分不仅要求满足平面曲线同时必须满足线路纵坡，因而极限半径曲线梁在节段划分及几何形状控制问题上尤为复杂。图8-15为小半径曲线立面及平面示意图。

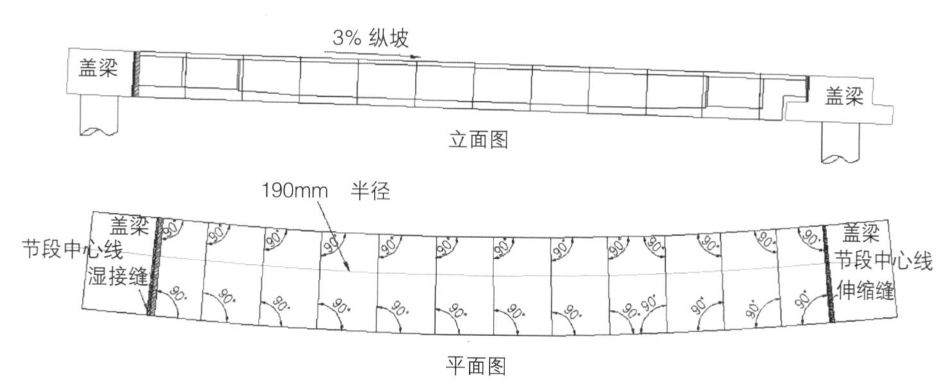

图8-15　小半径曲线立面及平面示意图

（二）极限曲线半径桥梁几何控制方法

为保证节段划分同时整体施工满足线型要求，同时满足匹配预制实际–固定端模面不允许存在转角：小半径曲线梁节段梁预制时采用近似直角梯形预制，如图8–16平面图所示。从图中可以看到，每片节段梁匹配安装完成后，最终端面将同标准型盖梁端面平行，中间预留设计院要求的200～300mm的湿接缝。

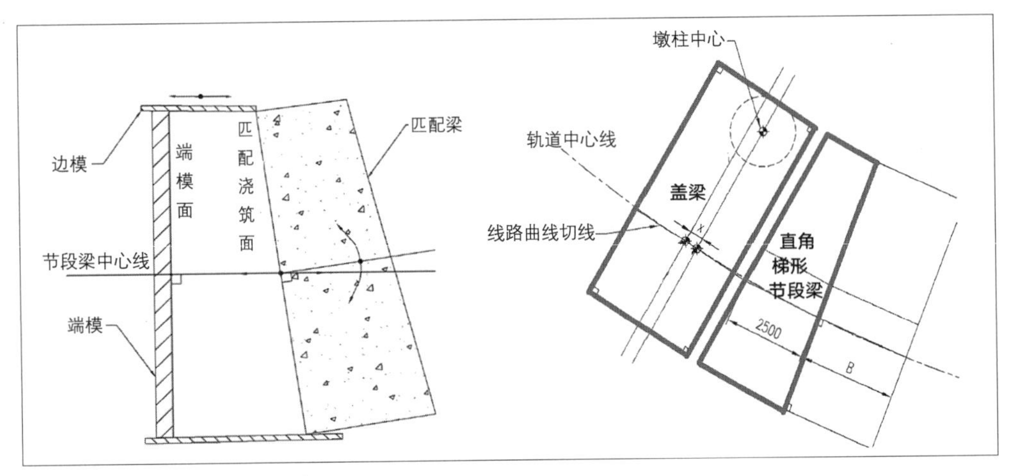

图8–16　直角梯形匹配预制示意图

（三）悬臂拼装大偏位调整技术

针对悬臂拼装发生偏移问题，攻克了悬臂拼装大偏位调整技术，采用扁平千斤顶装置，放置于节段梁和盖梁面间（即顶部灌浆块区域，缝宽约100mm），以盖梁端面为支撑点缓慢将节段顶开，达到线型纠偏目的。

将两边扁平千斤顶连接液压泵站——释放竖向临时支座同节段梁底部间接触（200t液压千斤顶上虚设胶合板接触节段梁底部）——液压千斤顶顶部分别设置两游标卡尺，读取初始数据——两台泵站同时操作进行顶推操作，每次顶推力约——游标卡尺显示读数达到5mm即纵向移动5mm，同时位于4号节段端部升降车上操作人员及时观察支墩和节段底部接触情况，并安排测量人员及时测量同初始数据进行比较，若完成纵向5mm顶推墩墩同节段底部已全部接触，测量数据反映节段端部向下恢复则完成一次调整循环——重复以上步骤，直至调整力达到设计要求158t，则停止顶推工作，完成调整。

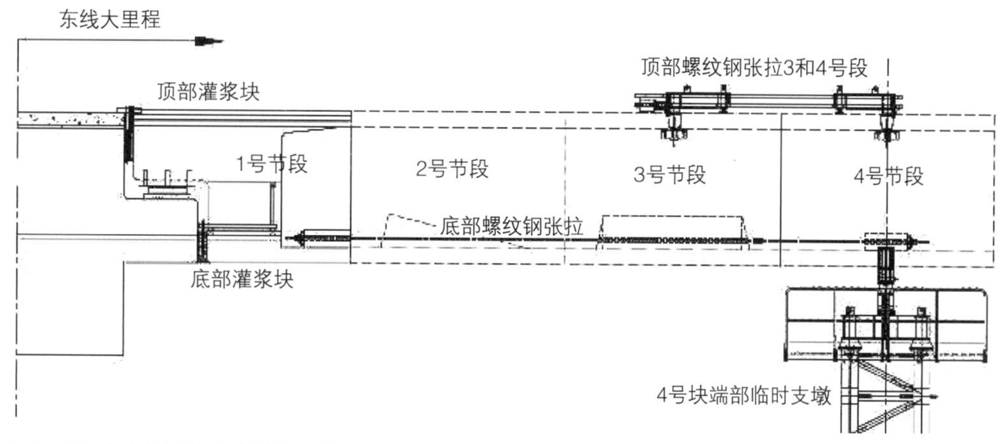

图8-17　调整过程测量数据示意图

从数据上看，每次调整将产生纵向约5mm的行程，同时节段端部竖向将产生竖向向下约25～30mm的回位，调整过程共6次，按最后一次测量数据偏差50mm，则共完成线型纠偏竖向调整162mm，调整过程测量数据过程如图8-17所示。

六、城市桥梁架设成套装备研制

为了匹配本项目公铁两用，大跨度，小曲线等复杂工况，面对新加坡安全要求高，设备精度要求高，设计感强等诸多难点，专门设计了轻量级，适应极小曲线的城市桥梁架设装备，具体装备及设计如下：

（一）HP450型逐跨节段拼架桥机系统设计

为了适应本项目的施工特点，配合架桥机还设计了一种新型的整跨梁支撑装置，该支撑装置改以往的下承式为上挂式，优化了施工工序。整孔拼装架桥机如图8-18所示，整孔拼装铁路架桥机如图8-19所示。

（二）HP60型对称悬臂拼装的架桥机系统设计

在做架桥机总体设计时，摒弃了一般平衡架桥机的双主梁设计，改用单主梁的设计，在此基础上对架桥机的各部件进行重新设计。

其次，为了满足限高要求，降低主支腿设计，起重天车的起升机构优化为两侧布置，进一步降低架桥机整体高度。平衡悬臂拼装架桥机如图8-20所示，平衡悬臂拼装架桥机如图8-21所示。

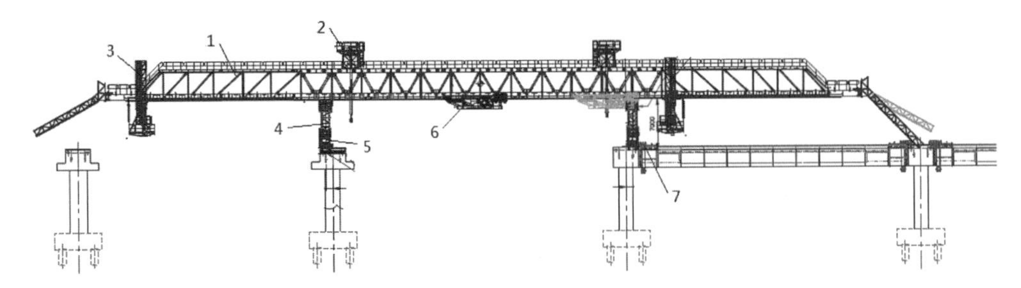

1.主梁；2.端吊挂；3.前后辅助支腿；4.中支腿；5.下横梁；6.起重天车；7.端梁挂架

图8-18　整孔拼装架桥机

图8-19　整孔拼装铁路架桥机

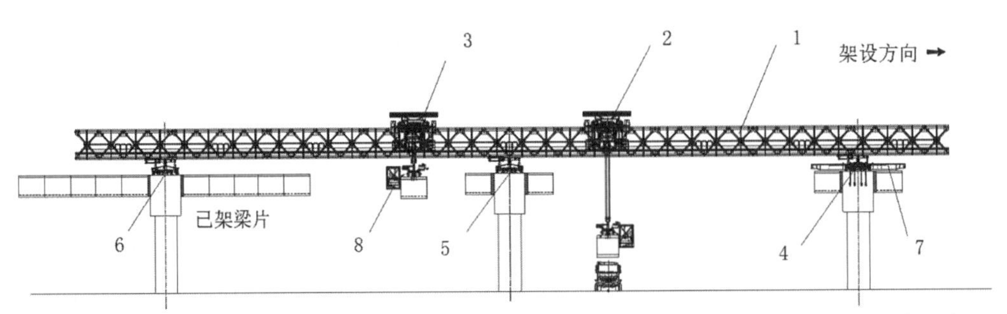

1.主梁；2.前起重天车；3.后起重天车；4.前主支腿；5.中主支腿；6.后主支腿；7.节段吊梁；8.张拉平台

图8-20　平衡悬臂拼装架桥机示意图

图8-21 平衡悬臂拼装架桥机

（三）QD70型对称悬臂拼装的桥面吊机系统设计

桥面吊机是一种较为常见的对称悬拼施工方式，以其体积小、适应工况多、设备造价低等优势常用于对称悬拼架桥机无法施工的区域。由于本项目的匝道紧邻正线且在正线下方，存在限高情况。因此本项目采用一种低位桥面吊机，其施工总体思路类似于平衡悬臂拼装架桥机：先使用悬吊梁架设P+1节段，待P+1架设完毕后使用吊车将桥面吊机吊上桥面继续施工P+2至P+6节段。桥面吊机使用液压连续千斤顶提升，安全系数高，操作方便。

第九章 经验总结

Chapter 9 Summary of Experiences

新加坡轨道交通大士西延长线项目是中铁十一局集团在发达国家第一个独立承揽、自行组织施工的海外项目。该项目工期紧、设计任务重、施工难度大、安全风险高，且业主的监管体系严密、审批程序多、安全管理严格、施工标准高。中铁十一局集团坚持以不畏艰险、勇攀高峰、领先行业、创誉中外的企业精神，以“三主动三超前”的行动理念、以建设世界一流工程为目标，推行标准化管理，坚持高起点、高标准、高质量，统筹安排，系统优化，合理配置生产资源，全面实现了“质量、进度、投资、环保、职业健康安全”五大控制目标。通过项目建设，我们积累了一些发达国家工程项目施工的经验、培养了一批海外工程建设技术、施工和管理人才，为企业的国际化征程探路铺石。

本章根据不同侧重点，分别从项目法律事务、合同及索赔管理、技术管理、安全质量管理、成本管理、财务管理以及物资设备管理等7个方面，系统总结了项目实施过程中取得成功经验，是五年来全体参建者的智慧结晶，为企业海外工程建设提供有益的借鉴和参考。

第一节 法律事务管理经验总结

Section 1 Management of Legal Affairs

新加坡法律属于判例法系，制定有《建筑施工业付款保障法》及相关执行条例，对业主、主包、分包之间的供货与服务合同、工程承揽合同的计价申请、付款回函、工程价款支付有着明确的时间、内容与程序要求，确保承揽方/供货方及时获得工程价款支付的权利。从组屋提前退租、工人工伤事故，到分包商工程款给付，相关权利主体采用诉讼、仲裁或者新加坡多样化的替代纠纷解决机制进行维权的情况很普遍，维权意识很强。在法律领域专业化程度高，律师、合规顾问等专业人士在法律实务操作中占主导地位。

一、制定法律事务管理办法

项目部制定《法律事务管理办法实施细则》，细化法律事务工作，完善法律事务管理体系。

1.从组织人员上保证法律事务管理工作。在项目部设置专业人员负责法律事务，其岗位（职责与权限）归口在项目合同部。

2.建立健全联动情报机制——明确法律事件报告流程，包括：发生法律事件第一时间向谁报告，如何处理及需要收集的资料，加强信息管理做到及时有效的反馈信息并保持可追溯性。

3.加强过程管理，安排专人对分包商的往来信函进行及时监控，督促项目对涉及重大索赔等合同纠纷的信函及时回复、处理；做好“法律事件和纠纷及其处理”的归档，提前对容易发生法律纠纷的事件或事项进行交底和防范。

4.通过案件总结、专题会议以及法规培训等方式，持续提升法律事务管理系统化和精细化水平。

二、完善人员配置，促进专业化管事

1.设立法律联络员，负责牵头法律风险防范工作及法律纠纷案件的跟踪处理、外部咨询机构的联络、案例总结等工作。

2.聘请法律顾问，用于项目法律咨询业务。新加坡法律纠纷的处理，由于语言、法律环境、法律程序的不同，一般需要外聘专业顾问或者律师参与。

3.临时聘请新加坡调解中心资深裁决员及外部专业咨询人员，对合同管理人员进行工程计价培训，以满足对上、对下计价的合规要求。

三、选择合理合适的法律纠纷处理方式

针对小额纠纷，选择法律联络员自主处理方式，一方面积累了处理当地小额民事纠纷诉讼经验，维护项目部合法利益，另一方面也节约了诉讼成本。

针对较为重要的法律纠纷，采取委外处理并安排法律联络员协助的方式，一方面减小法律风险，维护项目部利益，另一方面也因为法律联络员的参与辅助，积累一定的诉讼经验。特别是C1686项目部损坏煤气管道阀门一案，我方通过提交证据确凿、说理透彻的案件事实说明，说服公诉人撤诉，避免遭受罚金责任，切实维护了项目部合法利益。

通过总结具体的纠纷处理案件案例，确立“风险与成本最小化并举”的原则，增强法律事务及纠纷处理理论和实战水平。

四、高度重视“外籍劳工引进与法律关系处理”工作

（一）MYE和Quota与外籍劳工引进关系及法律风险

新加坡外籍劳工引进数量取决于MYE和Quota的数量。MYE指的是新加坡政府要求建筑行业中的主包方——如雇佣来自中国以及新加坡周边（除马来西亚和印尼外）国籍的外籍劳工时，每年根据主包方合同总额当年的工程量考核综合计算，发放给主包方的可引进外籍劳工的指标。Quota指的是新加坡政府为促进本地人就业，而针对外籍企业的强制规定，它要求所有在新加坡的公司聘用外籍劳工的时候，要遵循新加坡劳工本地员工（公民或永久居民）与外籍劳工1：7的数量比例，即招聘一个本地人可以引进7个外籍劳工。因此，在新加坡引进外籍劳工（工作时间少于3年）时，必须同时拥有相应的MYE和Quota数量（超过3年可以不适用MYE，但是要缴纳高额人头税），除此之外的任何用工方式在新加坡都是违法的。

实践中鉴于聘用当地人成本较高而外籍劳工的成本较低，虽然在新加坡市场上一直存在着买卖MYE和Quota以及劳务派遣的灰色地带，但购买MYE和Quota的行为不受法律保护，这些行为在实践中存在法律风险。

（二）解决风险的方法

1.针对项目有MYE而没有Quota的情形，采用总包与中介签订分包合同的方式。该方式普遍存在于新加坡建筑市场中，合同本身的起草以及合同双方的关系要处理恰当，避免造成不必要的纠纷。

2.针对项目没有MYE只有Quota的情形，这种情况下外籍劳工与项目存在合法的劳动合同，所以不存在法律风险。在没有MYE的情况下，仅对项目引进的劳工在新加坡工作的年限有要求，归结到底是成本的多少问题，可以通过在市场上招聘在新加坡工作满3年的外籍劳工来解决，由此也会产生高额的税负，每月需向政府交950新元的人头税，而在有MYE的情况下，引进劳工只要交550新元的人头税。

3.针对项目MYE和Quota都没有的情形，通过与中介签订分包合同来达到引进工人的目的，法律风险与应对方法同上述第二条相同。

（三）外籍劳工引进涉及的工伤及意外风险问题

1.与项目签订有工程分包合同的中介，他们提供的工人若发生工伤及意外情形，中介公司对劳工因工伤而产生的医疗费用承担全部赔偿责。我方作为主包方，如无特别约定，对于现场工人发生的意外不承担损害赔偿责任，仅对中介向其保险公司进行索赔时负有协助配合的辅助义务。

2.使用项目的MYE而从外面购买Quota所引进的工人，在其发生工伤及意外风险的情形下，由于MYE属于项目，相当于工人与项目之间存在直接的劳务合同关系，因此产生的费用由项目承担。

3.使用项目的MYE和Quota，然后通过与中介签订劳务中介合同而引进的工人，在其发生工伤及意外的情形下，因为中介只提供中介服务而不收取任何管理费，相当于工人与项目存在直接的劳务关系，相关费用由项目承担。

第二节　合同及索赔管理经验总结

Section 2　Contract and Claims Management

新加坡总包合同中存在有恶劣天气影响工期、付款比例低以及工程量包干等不利条件，新加坡本地分包商合同管理意识非常强，一旦出现合同外或者跟合同规定不符的情况，都会通过邮件或正式信函的形式向总商包说明，留下索赔依据。总结并明晰项目组织架构、各部门各团队各岗位合同管理职责，不仅要考虑法律事务、合同及索赔管理的系统整合，还要考量履约管理与健康安全、卫生、质量、技术、工期与成本管理的相互关联，结合项目自身及外部环境特点，健全并优化项目组织、理顺各部门（或团队）及岗位职责，发现问题及时调整、解决，建立奖罚制度及措施形成长效机制，持续提升项目合同组织管理水平。

一、提升合同与索赔组织管理水平

1.通过强化法律法规、合同（含索赔）领域相关知识、工程及专业业务知识等培训，提高合同管理人员素质和技能；

2.要在加强法务、合同与索赔人员的紧密分工合作的基础上，以合同为纽带强化“技术、健康安全与卫生、工程计划、成本管控”等专业人员的合同管理职责；

3.合同部门主管由内派员工担任，掌握合同主动权；其余人员可聘请当地顾问和员工协助，发挥其当地工作经验对项目的指导作用；

4.培养自己的PE团队，使Shop Drawing量控制在Construction Drawing量以内。或者与聘用的PE签订分成协议，便于施工图得到最大限度的优化；

5.成立变更索赔团队，负责指导现场经理、现场工程师，如何准备、发现、收集变更资料及索赔资料格式；建立变更索赔激励机制，充分调动全员变更索赔积极性；建立变更索赔案例库，找准突破口，重点攻克容易获得业主认可的变更索赔案例。

二、以要求与目标导向实施合同管理

（一）严格按计划安排和组织各项工作，同时要依据实际调整计划和工期，并重视“进度工期”的索赔

依据合同工期和时间节点工期要求按计划安排和组织各项工作，是承包企业依照合同履职的基本要求。组织及计划工作是管理的核心，需要围绕工作任务明确组织架构、组织结构以及组织内部各部门、团队及成员的岗位责任。组织有效分工合作完成“工作计划安排、设计文件复核及详图设计、设计检查、施工方案编制及审核、施工准备、组织施工及工程结算与工程索赔，竣工验收、竣工结算及竣工决算”等任务，同时要充分考量复杂的外部环境使得工作计划安排留有余地，当遇到困难和障碍时要尽量减少损失，重视“进度工期”索赔及带来的费用损失追索。

（二）依据合同要求在组织内各部门、各团队及各岗位明确技术及安全质量管理职责，做好技术及安全质量管理工作

1.从满足项目业主及各方对工程质量的要求，做好详图设计及相关协调管理、施工方案编制及审核评估、技术交底及按程序按标准施工，作为总包方除技术工作之外还有大量的管理工作；

2.减少技术（安全质量）及其管理问题带来的包括声誉、效益等损失，遇到管理中的技术难题、组织问题等要主动考前解决尽量消减损失；

3.通过有效的技术及安全质量管理改善管理绩效，达到更适宜的工期和降低成本的目标。如，做好详图设计及优化、工程施工方案的比选、优化；搞好设备调配，提高设备利用率；采取切实可行措施降低项目成本。

（三）加强合同管理，多角度做好开源与节流工作

做好开源工作主要包括：一是多角度、多层次深入研究业主合同，寻找有利于我方的条款或条件加以利用；二是聘请有经验的当地专业人士担任项目法律顾问，组织、落实变更索赔工作；三是加强单位与单位、现场与部门之间的沟通、联系，按照工作计划，按时收集、完善资料，保证索赔实效性。

做好节流工作主要包括：一是抓好对下计量，减少合同外计量，防止分包商索赔；二是搞好设备调配提高设备利用率，做好工程量和物资消耗台账，通过节超分析控制材料消耗；三是提高责任成本分析数据、分析资料的准确性，采取切实可行措施降低项目成本；四是加强相关法律法规学习，防范法律风险。

三、加强法律法规学习和引导

项目部须加强法律法规学习和引导，做好合同与变更索赔管理工作，主要包括：

（一）做好合同管理统筹规划

首先，对前期签订的一些重大合同进行检查，对合同内容不清晰、可能存在风险的项目与分包商展开谈判，重新签订合同或签订补充合同，避免合同损失。其次，工程变更的索赔必须在工程建设之前开始进行管理，直到最后一个合同的终止为止，成功的工程变更和索赔管理要求项目业主和项目承包商都要重视它，并做好准备工作。

（二）做好合同风险防范与管理

遵循“先签后做”的原则，对发生的索赔及时准备好基础资料，通过监理会议及业主协调会等会议，就索赔费用进行商谈，勿拖延，尽量做到早协商，早解决。强化法制意识和风险防范意识，确保变更及工程索赔能经得起审计、财政审查和各类执法检查的检验，控制风险，不留隐患，并要防止反索赔事件的发生。

（三）注重业主颁发的工作指令和变更指令时效性

在引起变更、索赔的事项发生后60d之内，应当以书面形式向业主发出变更、索赔

意向通知，该通知应对事件的发生及影响做详细说明，并附同期纪录。

（四）做好索赔资料取证及管理，为索赔奠定证据基础

索赔资料包括影像资料、现场记录、来往信函邮件、会议纪要、图纸、规范、工作指令、分包报价、支付凭证、发票、订货收货单据等有关资料。对于任何有可能向业主进行变更索赔的事项，各部门应当收集保存好相关的原始记录（尤其要重视项目过程资料，需要现场每个工作面的施工情况及时以照片记录保存，最好能得到QPS和业主现场工程师确认），以作为变更、索赔的支撑依据。成功的索赔必须以事件和文件为依据、记录可能发生和已经发生的影响工期费用的事件，并以记录为依据来跟踪索赔的影响费用。要跟踪索赔事件的履行时间和费用，通过及时通知和处理的文件来保护索赔的权利。

（五）遵循合同与索赔管理程序及时间时点规定

在变更、索赔意向通知发出后30d之内或业主批准的其他期限内，以书面形式向业主提交索赔金额，包括事件的详细说明、理由、依据，以及期望延长的时间及造成的损失及花费。如果引起索赔的事项所产生的影响仍在持续，该申报数额为暂定额，并根据业主要求对后续预计发生的数额进行估算。在索赔事项的影响消失后的30d以内，向业主提交最终索赔额及需要延长的工期，并做详细说明。在变更索赔期间的应对方法应尽可能在各个环节上符合法律法规及合同要求，一旦出现合同争议而进行争议评审或仲裁时，承包商可处于有利地位和得到应得的补偿。

（六）掌控合同履约的主动权

合同是规范建设、施工双方行为的准则，必须给予高度重视。首先要精研主分包合同，明确各自责权利，以当地法律法规、合同文件等为依据——对施工计划、进度安排、对上索赔及对下防索赔反索赔等进行管理；其次，要提高对邮件往来重要性的认识，对分包商所发邮件及信函及时回复（注意用词准确、有理有据、不让对方产生误解）；同时，规范现场记录和做好合同管理，防止效益流失。再次，建立新加坡市场分包（劳务）库，与分包建立合作共赢的投标机制，防止因分包单价超过投标价而带来的价格风险；工程投标时，与参与投标的分包商签订标签协议，并与分包一道计算投标工程量，同分包一起锁死数量增减风险。

四、高效进行分包商合同管理

（一）做好分包商与分包合同全过程管理

1.做好分包招标工作和分包合同签署。明确分包作业范围、编制招标文件和制定谈判方案，组建谈判团队，实施专业分包认证，逐级报批确定分包商并签订合同。

2.合同履行过程中，积极履行合同规定义务，为分包商创造良好施工条件，敦促分包商落实合同义务，充分利用合同赋予的权利，维护项目及自身正当权益。当对合同产生争议时，及时协商解决，做好现场记录，防范分包商索赔；

3.合同履行完毕，组织相关部门尽快完成结算，总结经验。

（二）做好合同专项管理，减少合同文本缺陷损失和合同执行过程由失误造成的损失

1.编制详尽的、规范的合同文本

编制详尽的、适合项目实际需要且与当地法律法规相适应的合同文本。在工作内容中只列举哪些是总包的义务，其余全是分包的义务；不能列出分包的内容，因为分包往往会因为工作内容涵盖不全而找总包索赔。

2.制定并落实合同审批制度

按照流程组织各部门评审合同及上级机关批准，注意合同条款的合法性、严密性、使用语言的规范性等，明确清晰的合同施工范围，避免执行中发生歧义；同时聘请有丰富设计及施工经验的专业人员参与前期策划，增强合同预见性。

3.统筹规划和安排施工

现场必须要有工作面交给分包，并且工作计划要切实可行；现场记录须详细完整——详细统计分包商每日施工：包括每日的人工、材料、机械数量，必要的图片和视频等等佐证资料；当碰到分包商所做工作不在合同范围时，须要及时告知相关部门，在分包商确认工作量时严格按照合同条款相关规定，如有疑问时须及时联系相关人员。

4.制定并有效实施分包合同交底制度

特别是重大合同的交底，要求对每个部门、每个岗位有针对性地进行交底，以加强相关人员对分包合同的掌握，提高索赔与反索赔的能力。

5.严防分包商索赔

除要注意由合同条款本身引起的索赔，更要注意每次对分包商的付款回函时间和方式以及差额原因等，一般在收到付款申请日期的21d内书面形式准确回函；此外，对于

分包商信函，要及时回复，堵住分包索赔漏洞。

6.建立分包商索赔与反索赔纠纷预警机制

项目部及公司应安排法律联络员统计主要分包商往来函件并整理报告，对分包商索赔与反索赔过程中的法律风险进行有效管控。应建立分包履约记录库，针对那些经常喜欢跟总包索赔或打官司的分包进入黑名单。

五、强化变更索赔法制意识和风险防范意识

（一）防范变更单价降低风险

新加坡项目通常套取ASR（Agreed Schedule of Rate）中类似的细目单价，如果ASR中没有类似的细目单价则总包商需要从市场上分别叫3个不同的分包商进行报价，然后新加坡陆交局（LTA）根据3个分包商取最低的报价为准，须要防范变更单价降低风险。

（二）防范总包变更风险

在新加坡项目合同管理中，如果变更由总包商提出并且费用增加和工期延长的风险均由总包商承担，业主不会追加费用和工期；如果变更由总包商提出并且费用减少，则业主会扣减节余费用的一半，同时总包商还需要承担优化设计风险。

（三）防范变更上报的时效风险

新加坡项目变更上报时效性要求比国内项目严格，例如，变更指令14d，变更、索赔的事项发生后60d之内应向业主发出变更、索赔意向通知等。

（四）防范分包商索赔风险

对总包而言，既要做好对上（业主）也要做好对下（分包商）的合同及索赔管理。一是加强相关法律法规学习，防范法律风险；二是积极履行合同规定义务，为分包商创造良好施工条件，并敦促分包商落实合同义务，充分利用合同赋予权利以维护正当权益；三是抓好对下计量，减少合同外计量，当对合同产生争议时，及时协商解决，做好现场记录，防范分包商索赔。

第三节　技术管理经验总结

Section 3　Technical Management

新加坡项目采用技术（质量安全）标准为英国标准，设计和工艺严格按照最新版LTA（陆交局）设计标准及M&W规范、英标和英国交通部标准执行。

其次，基于“资源节约、环境安全保护和美观”等要求，新加坡项目有着与国内项目不同的技术特点，如“设计的整体性、结构复杂、施工工厂化和预制化”等。

再次，设计院图纸不能直接用于施工，需要进行施工详图设计，而设计工作由总包承担，在设计方面也可形成相应的设计（技术）规范及标准。最后，通过联合技术攻关解决了新加坡项目不少结构、技术、工艺等“新”问题。

一、明确技术管理和其他管理之间的紧密关系

技术及技术管理与安全质量管理关系密切。无论是沿用苏联模式且在不断建设过程中创新、总结和积累起来的、包含全面的“设计、施工、验收”全过程的国内标准体系，还是以英标为背景加上一些建设经验且总体来说比较保守可靠、没有很清晰的界定设计、施工和验收标准的新加坡标准体系，安全质量问题最终都是通过技术及技术管理来解决。例如，新加坡项目在验收标准上没有明确要求，这将导致在施工过程和验收交付时存在很多问题，这就更加重了设计和技术的话语权。因此，应建立技术及技术管理对安全质量的保证制度。

技术及技术管理与成本管理关系密切。技术及技术管理不仅要用“技术”数据说话，还要考量其“成本”数据。在满足技术及安全质量要求与目标的前提下，应通过技术及技术管理可靠地降低项目全寿命期成本、提升价值。例如，新加坡项目的技术及技术管理工作涉及“设计文件的审查”“设计图纸的深化”“专业协调”“设计方案编审”“施工方案编审”等诸多工作，通过上述管理工作一方面实现安全质量要求与目标，另一方面运用“价值工程”原理实现工程与成本的整体优化。因此，应建立技术及技术管理对成本管控的支持制度。

技术及技术管理与工期管理关系密切。一方面，合同工期的确定通常应遵循技术及组织管理的客观规律；另一方面，工期的优化或缩短工期除了资源投入增加之外，技术方案的优化及其管理更为有效。相反，技术问题得不到有效解决或安全质量问题的出现，可能导致工期延长。因此，为协调技术及技术管理对工期的影响，应建立技术及技术管理对工期管控的支持制度。

技术及技术管理与合同管理关系密切。合同签订中本身就涉及了很多技术条款或者是作业范围，技术人员有必要参与到合同中。技术人员在工作时不管是对外哪个层面，其所发出邮件、记录都可能成为今后变更索赔的依据。所以，技术及技术管理工作者必须有清晰的“合同”意识。为降低索赔风险，技术工作涉及法律合同的，不能任由技术人员发出工作指令或函件，应将问题反馈到合同部，经过反复讨论后再慎重决策。此外，要求技术及技术管理部门重新定位而扮演更重要的角色，从技术层面找准最有利于施工、合同的切入口，即坚持设计准则，施工方案最优，实施简便有效，合同有理有利。综上，应建立技术及技术管理与合同管理的相互支持相互融合的制度。

二、明确组织之间、组织内部技术管理职责

系统总结新加坡项目组织之间、组织内部技术管理分工协作的经验教训，固化形成相应的技术管理制度以明确各方技术管理职责。

（一）明确建设单位、总承包单位、分包方，以及设计、监理和技术服务第三方等技术管理职责

建设单位、分包、设计、监理以及技术服务第三方承担各自技术管理职责，一方面可建立合理的激励约束机制，另一方面可减轻总包技术管理的责任和压力。例如，设计单位设计能力不足，施工图（Construction Drawing）极不完善，错误频出且遗漏较多，如果对各方尤其是设计单位技术职责能够清晰界定，就可以通过建设单位追溯到设计方的“错误”责任；再如，新加坡项目采用专业分包模式，合适的专业分包能够完成方案编制、计算分析、问题处理、资料准备以及现场施工等各个环节工作，使得总包技术管理转化为技术协调角色，其主要任务就是帮助分包协调业主、设计、监理，完成一些报批工作，或在分包的方案环节提出一些优化意见。

第三方提供专业技术服务也是新加坡项目技术管理特点，在专业化分工细化背景下，重要方案需要具有新加坡本地注册资质的专业结构师（或岩土工程师）检算、签认并承担一切风险，也需要有资质的专业化队伍施工，这种在一定程度上通过分工合作的专业化制度保证了技术及技术管理的有效性。

（二）明确组织内部——局指挥部、项目部及其所含部门、团队、岗位成员等技术管理职责

首先，总结并优化新加坡项目两级管理模式确立的“局指挥部”“项目部”总体技术管理职责，为后续项目提供技术管理制度模板。技术中心及技术部门在项目构架中所处的角色须进一步明确和规范，同项目实施部门、合同部门间的关系须进一步理顺；一体化联合设计部门、体系应处在项目关键核心的位置、应扮演更加重要的角色。

其次，总结并优化局指挥部所设部门及岗位——总工程师、技术中心及经理、专业部门经理和工程师等，以及项目部所设部门及岗位——项目部总工、技术部长和工程师等的技术管理职责，为后续项目提供技术管理制度模板。在部门建设方面，强化技术整体——即大技术，弱化专业独立，技术整体内设置专业、专项沟通人员，便于部门人员团队建设，减少不必要所谓独立部门，提高效率同时，为项目也可减少开支。

再次，针对新加坡项目工程公司层面技术管理状况及可能优化的方向，总结并优化工程公司作为技术执行层面——项目经理、技术负责人和技术人员等的技术管理职责。即项目经理要解决技术问题，对能解决的问题，应指导技术部门制定技术实施方案；对自身难以解决的问题，可以聘请、咨询专业的技术人才，请他们针对现场问题，给出安全合理的解决方案，在双方充分了解及讨论之后，必须形成自己编写的技术方案，上报业主；另外，编制技术方案和现场执行要分开，现场只负责按照施工方案的工作步骤和稽查表严格落实；假如发生异常情况，现场技术人员一般不作判断，可以暂时停工，交由上级解决。上述做法能有效地解决责任主体问题，明确每个人员的具体工作内容和范围，确保安全施工，提高工作效率。

最后，技术职责界定和细化也要考量特定条件和特定人员特征。如，与新加坡本地技术人员相对严谨相比，国内技术人员工作内容一般不局限于某一特定岗位，因而界定其职责时要特别强调严格遵守规范标准的原则；再如，技术部门聘用的内部员工和外聘人员其身份不同，内部员工会基于集团公司以及成本、工期等角度来综合考虑技术问题，但外聘人员通常不会或不习惯从公司及其他目标上考虑自身工作，因此需要在技术管理职责界定上对这两类员工进行区分，允许他们扬长避短、发挥各自的特点及主观能动性。

（三）明确支持依据工作任务采取灵活的组织形式与组织模式，实现技术工作的协同管理

1.技术工作小组负责制

主要是将专业技术工作划块，安排人员分组工作，选出小组长和组员，制订计划和目标，每周对应检查完成情况。这种方式的关键是工作模块化，任务责任制，可以提高大家积极性和工作效率。新加坡项目最明显的例子为：预制盖梁施工详图绘制工作，因盖梁技术整合、图纸绘制难度大任务紧，根据当时项目进度计划情况建立了盖梁详图绘制进度划表，首先摸清最紧急的是中间壳体预制满足预制场的需求，再次为芯部浇筑和边壳体的绘制，按工作模块化的难度和紧急度有效划分实现了人力资源的有效整合，使得盖梁详图绘制效率大大提高。

2.集体攻关组织模式

通过集体研究集思广益、责任到人，加快问题的处理、提高技术攻关效率。特别是在会议上逐步改变以往“拍脑袋”的方式，而是拿着数据、带着分析开技术会，可以改善技术攻关效果。

3.灵活多样的技术人员分工

以铁路节段梁绘制工作为例，最初版本图纸向设计、业主提交相互间往复了多次，效率低下直接影响了现场施工，证明当时的项目技术体系还未适应一体化模式；而后随着内部体系的改进，能力的逐步加强，同设计间的互动不再是被动式、不信任式，这样极大提高了图纸完成质量以及设计批复图纸的效率。在铁路节段梁工作后期和当前公路节段梁，采用了工作量化、分组等制度，公路节段梁图纸质量有较大幅度提升，给现场带来的直接利好便是施工质量提高，差错率减小。

三、强化技术沟通管理，有效提升技术管理水平

（一）总包方“技术衔接”类外部沟通协调管理

1.以案例分享的方式重点分析、讲解和研讨：总包方与业主（LTA）、设计单位（QPD）及监理单位（QPS）进行“图纸协调、现场技术问题”等协调沟通中的经验教训，如何更有效地将“审图”“图纸修改完善”“图纸深化设计”“报批”等技术工作衔接好。

2.以案例分享的方式重点分析、讲解和研讨：总包方与新加坡当地专业分包商沟通中的经验教训，如何更有效地完成“委托分包设计、对分包方案提出优化建议并帮助分包协调业主、设计、监理等工作”。

3.以案例分享的方式重点分析、讲解和研讨：总包方与外部专家（或专业工程师）及专业队伍沟通中的经验教训，如何更有效地实现“由具有注册资质的专业结构师（或岩土工程师）完成检算、签认，以及由专业化队伍完成施工”等工作。

（二）总包方“技术衔接”类内部沟通协调管理

1.以案例分享的方式重点分析、讲解和研讨：公司总部、职能部门、局指挥部（技术中心）、项目部（技术部）与工区之间在组织、岗位成员层面各类“技术–协调”沟通的经验教训，如何更有效地协同完成“科研开发、技术攻关、施工图内部审查、图纸深化设计及内部审查、施工方案内部编审、日常的技术管理及解决安全质量问题，以及技术积累”等工作。

2.以案例分享的方式重点分析、讲解和研讨：技术中心内部“技术–协调”沟通的经验教训，如何更有效地由“结构部、建筑部和机电部”“技术部各小组或团队”“技术中心经理、文件控制工程师”“部门经理、工程师和绘图员”等人共同协作完成各项纯技术工作（如，图纸深化设计、方案审查等）及“技术+管理”（如，部门协调、专业协调、现场协调、外部协调等）工作。

3.以案例分享的方式重点分析、讲解和研讨：项目部技术部内部“技术–协调”沟通的经验教训，如何更有效地由“技术部各小组或团队”“总工、技术部长和工程师”等共同协作完成各项纯技术工作及“技术+管理”工作，如“对技术中心工作进行延伸落地，集中精力解决各自项目设计、施工、现场存在的其他技术瓶颈问题”等。

4.以案例分享的方式重点分析、讲解和研讨：工程公司内部“技术–协调”沟通的经验教训，如何更有效地由“工程公司经理”“技术负责人”“技术员”等共同协作完成各项纯技术工作及“技术+管理”工作，如，做好“外部现场协调、图纸协调以及内部机械设备、人员协调”，完成“图纸深化设计会审、施工详图报批配合、技术方案现场结合及经济比选配合、技术方案评审配合、施工组织和施工方案编制及送审、分包商管理、技术交底及修改完善、现场管理及跟班作业”等。

（三）与其他类别管理的沟通协调

以新加坡项目为例，有时候会因为一项技术问题而导致安全质量风险并引起停工而影响工程进度，其主要原因是所有东西都在别人手上把握着，包括核心技术、生产资源、合同主动权等。遇到这类问题，特别要注意究竟是技术问题还是合同问题，不能随便给工作扣帽子，无端增加大家的心理压力。在项目中遇到不少技术和现场脱离的问题，其原因是“内业技术人员很少到现场，这就导致技术和施工先天加后期人为的分开，会导致内业技术工作没有落脚点”，这不仅会带来施工难度及安全质量问题并导致进度（工期）延缓，还有可能由合同约束引发合同纠纷及被索赔损失。

针对“安全质量管理尚处在被动应付局面”“进度（工期）管理还停留在时间计划–实施的简单循环”，以及“技术及技术管理中忽视合同约束而导致损失”等问题，以案例分享的方式重点分析、讲解和研讨：如何使“技术及技术管理更有效地支持安全质量管理与进度（工期）管理”[如，如何利用施工详图设计体现施工单位意图，从而使得设计图纸在不违背设计意图的前提下，充分考虑项目施工能力、工艺水平及材料，把有利施工的方案在图纸深化过程中表达进施工图，从而更有利于保证安全质量和进度（工期）目标等]，如何促进“技术及技术管理”与“合同管理”的紧密沟通与融合、减少“忽视合同约束的技术工作信函和指令成为被索赔或放弃索赔而造成额外的损失”等。

四、有效实施技术人才发展战略与培养计划

国际工程项目对技术人才的要求更多为复合专业型人才。复合型不仅体现在设计与施工技术的复合，更多体现在技术协调管理上。实现有效的技术协调管理，要求技术人员具有“多专业和学科背景”，既知晓大技术专业之间的分工协作，也具备与“合同、成本、进度计划”等其他专业领域沟通协调的意识、思维和能力。复合型技术人才既需要理论方面的武装也需要丰富实践工作的历练，二者相得益彰。因此，需要适度引进相关符合企业发展需求的复合型技术人才，同时又要在公司内部积极主动培养复合型高素质后备人才。

第四节　安全管理经验总结

Section 4　Security Management

项目安全管理总体情况稳定、一直处于可控状态，C1686标获得陆交局（LTA）2015年度“安全最佳进步奖”“安全优胜奖”“建筑环境奖”三项大奖。顺利通过3年一次的ISO9001:2008、ISO14001:2004及OSHAS ISO18001:2007贯标体系外审；施工期间没有发生重大以上质量责任事故；按照业主节点工期要求，顺利进行竣工验交。

一、全面提升安全意识

在新加坡无论是LTA、监理还是施工单位，对项目安全的重视程度超过其他任何一项工作，项目的第一要务是安全。因此，提升项目安全管理水平的首要任务是深刻理解和把握“安全第一理念”，全面提升安全意识。

“人的健康安全高于一切”“发展不能以牺牲生态环境和人的生命安全为代价”，树立“安全第一”的理念源于“以人为本”的思想，需要公司上下从高层、中高层和基层达成一致统一的共识，得到所有层次人员的理解和全力支持。

“安全第一”的理念在项目安全管理实践中体现为以下几方面：

1.安全是项目管理的强制性目标，其地位高于“成本与工期（进度）”等期望目标。任何以“降低成本”或“赶工期（进度）”为理由而影响安全管理的行为，都应该自觉抵制、反对和拒绝。

2.以“安全第一”理念确立公司“安全健康环境”政策，必须坚持以下原则：防止事故是项目管理的首要任务；同时，要防止受伤和疾病，保护环境和防止污染，为人们提供一个安全健康的工作场所。

3.将“安全第一”理念确立为公司安全管理方针，通过反复沟通以得到从“高层到中高层和基层”所有层次人员的理解和支持，并在公司各层次作出相应的安全承诺。依据安全管理方针确立公司整体安全目标，并将目标按公司规定的实现职责在整个组织内展开，在公司相关职能和层次分别形成安全分目标直至传导到公司所有相关成员，使得公司每一位岗位（成员）能将各自安全分目标转化为工作职责和工作任务。

二、制定安全管理办法

针对工程实体产品形成的各关键过程“施工图审核及修改完善”“施工详图设计（或图纸深化Shop Drawing）”“施工方案编审及施工准备”“技术交底”“施工作业准备”“正式施工作业及监测、检查”等制定《安全质量管理办法》，明确全员全过程工作职责。包括以下几方面：

（一）界定各关键过程总体要求与目标

总体要求与目标应与新加坡项目所采用和适用的安全质量标准相吻合。新加坡项目适用的安全标准主要有：新加坡项目安全管理系统，以及相关的法律法规、安全技术标准和管理标准，等等。

（二）制定工作流程和管理标准

界定各关键过程中的各项工作程序、流程及活动，细化工作要求、目标与标准，包括技术标准和管理标准。

（三）明确全员全过程工作职责

首先，熟悉外部组织之间工作职责划分。业主、设计、监理单位、当地专业分包等外部组织的职责界定，可以帮助公司管理层更好理解与各方的分工合作和权利义务关系，同时更有效地追溯安全质量责任。

其次，明确公司——局指挥部、项目部、工程公司及下属工区、各层次职能部门、各工作小组（团队）以及各岗位成员工作职责，对公司内部组织职责的界定，同样可以帮助厘清组织内部各方分工合作和权利义务关系，可以更有效地追溯安全质量责任。

三、做好技术及安全质量培训

安全质量管理终究是要靠人。有的放矢地做好安全质量培训，能有效提升个人及公司整体管理水平。培训应涵盖从管理层、技术层到操作层各层次人员。培训内容应包括：

（一）安全质量管理理论学习与安全理念教育

很多国家像新加坡一样，各行各业对安全标准要求高、安全内容涵盖广。作为一个企业，生存是第一要务，安全红线绝不能碰。项目的管理层、作业层都要具备这样的意识。也就是说，对于当地的安全法律、规定必须不折不扣地遵守，落实到施工中的方方面面。

（二）安全质量标准的学习培训

新加坡项目安全质量管理标准首先是基于合同规定的工程施工标准与要求，这个标准是业主针对特定项目修改后的规范，如LTA的M&W技术标准；其次，合同规定的施工质量标准与要求通常与英标相辅相成；再就是专业工程师的计算书或设计要求也是施工必须执行的标准；还有就是新加坡业主的M&W规定较粗，许多具体标准不够明确，工序间质量标准需要施工单位自己确定。

工程施工前，必须要把工程质量标准弄清楚，质量标准明确，这样现场质量才有办法检查、控制、整改。新加坡官方语言是英语，标准、规范都是由英语书写，需要安排专人进行翻译。而对于缺少的工序标准，则要参考国内标准和现场实际情况，专门制定项目标准，并落实到现场各工序，以满足施工要求。

（三）安全技能培训

现场作业的人员具备相应安全技能，识别安全风险和隐患，并知道如何正确应对。新加坡有众多的安全培训机构，课程设置齐全，培训完毕、考试合格之后才能取得相应资格，项目内部通过“工具箱”会议、安全技术交底会、安全专题会、事故分析会以及“高空作业”安全推广活动和“交通道改”“疫蚊知识”宣传展板等形式，提高安全意识和安全技能，促进安全生产。

四、抓好过程控制，保证安全质量

（一）施工安全监测、检查

部分高风险作业中应按方案来组织施工安全监测，由现场经理全程值班。安全督工每天深入施工现场进行日常安全检查，发现违章操作及安全隐患应立即用相机取证并当场纠正，根据规定决定是否处罚责任方。

安全重点包括（但不限于）：钻孔桩施工期间严防吊装类安全事故的发生；钢板桩及土方开挖阶段强化临时土工支护的施工质量和严密的施工衔接，同时在施工阶段密切注意沉降监测数据的变化；墩柱盖梁高空作业必须严格检查登高器具及安全防护用品，调查人员身体状况；车站预制梁吊装前制定起吊计划，提前进行的地面准备，对吊装机具检查，吊装过程中的指挥等都是安全工作的重点；随着车站逐渐加高，车站内有众多的临时洞口、电梯口、井口等以及楼梯边、站台边等，临边及洞口防护也是安全防范重点；项目周围临近大士西路、先驱路等交通繁忙干道，交通运输安全也是安全管控重点。

（二）抓好施工图审核关，保证图纸设计质量

施工图阶段，项目部按照施工图研究审核，专项协调留证，与“设计”沟通信息提交书面文件，反复沟通协调确认，转入变更设计程序进行。

施工详图设计（或图纸深化Shop Drawing）阶段按照明确详图设计标准与“出图体系”要求，总体设计、专业设计、局部设计，图纸三级会审、专业协调和图纸报批程序进行。

无论是施工图审核及修改完善还是详图设计等各项工作都是要确保设计质量符合新加坡LTA（陆交局）设计标准及M&W规范，英标BS5400、BS8110、BS5950和英国交通部标准，详图设计在满足设计要求同时满足图纸体系清晰要求，便于现场施工，符合“坚持设计准则，施工方案最优，实施简便有效，合同有理有利”原则。

（三）施工中质量管控

1.实行工程样板制。通过样板工程，明确施工控制重点、检查作业人员素质、形成成熟工艺、明确质量标准；

2.落实“三检”制。由负责施工的分包商对混凝土施工质量、预留孔洞、预埋件等进行自检，总承包商进行复检，监理工程师验收检查；

3.加大现场巡查力度，掌握第一手资料，对发生的问题务必做到早发现、早纠正，避免大的返工损失。

（四）施工完成后质量管控

主要采用交叉检查。工程实体完成后各分包（尤其是后道工序分包商）间相互检查，同时监理工程师对产品进行检查，这样有利于多角度、多视点地发现问题，及时整改。还要做好成品保护工作，采取警示、隔离或封闭、包裹等方式，做好成品保护。

质量管控中，要密切与QP（S）监理工程师的联系，在工作中应对承包商工程质量持续监控，坚持从严管理、避免先入为主的理念，通过提前控制取得事半功倍的效果。

第五节　成本管理经验总结

Section 5　Cost Management

成本管理是一项系统工程，贯穿于项目整个建设全过程，是决定项目盈利与否的基础；加强成本管理是降低成本、提高经济效益的基本途径，是提高项目竞争力、应变力、开拓力的关键。

一、完善并实施成本管理制度

首先，要通过专题培训、理论学习和工作研讨，将“成本管理是项目管理的中心”这一理念成为企业文化的一部分，并逐步成为企业管理层、技术层和操作层各层级人员的共识和自觉行动。

其次，在“中心”理念导向下改进和完善项目成本管理制度。主要包括以下几方面：①改进和完善“投标报价规定及方法”“工程计量与计价”规则等与“物”相关的技术制度，既要考量客观合理性与可行性，同时要符合主观需求、要求和限制；②从组织之间、组织内部各层面改进和完善成本管理制度程序、流程和方法，健全过程管控责任和可操作性，用好的激励约束制度杜绝制度漏洞以防范“组织、团体和个人”道德风险；③在组织之间和组织内部就相关制度的“制定、实施与监控”开展充分的调研、论证和沟通，不断完善成本管理制度，实现各方共赢。

再次，“制定、实施、监控、总结、改进和完善”项目成本管理制度是一个完整的PDCA 管理循环，既要重视制度的制定、改进和完善，也要重视制度的实施、监控和总结，以便真正发现问题和解决问题。

二、投标报价和中标之后的合同审核与谈判

新加坡项目应吸取的重要经验之一：从投标报价开始，就要基于总分包关系去做好充分调研以及和分包商的沟通，只有这样才能得到可靠的基准价格和成本，形成有竞争力同时又有一定利润水平的投标报价（或价格）。

新加坡项目应吸取的重要教训之一：没有在中标之后的合同审核与谈判中解决关键合同条款中的“利益偏向”问题——新加坡项目采用Cost Loading 项目进行计量的方式（现场实际完成工程量百分比少于25%不能计价，完工比例在大于25%且少于50%的，只能按照25%计价，以此类推），明显有利于业主而不利于承包商。应重视中标之

后的合同审核以主动发现问题，同时保持与业主充分密切沟通以争取自身权益，即便有“偏向”的合同条款不能完全改变，也要充分表达己方关切和合理诉求。

三、做好工程计价及成本管理

围绕“开源节流”提升效益做好工程计价及成本管理，主要包括：

（一）对业主的计价及成本管理

依据合同规定的程序和方法针对不同情况完成好对业主的计价及成本管理，实现或超额实现拟定的效益水平。

1.无工程量增减的计价

围绕提升效益做好无工程量增减的计价，须要做到以下两点：第一，保证安全质量的前提下，做好对内和分包商的工程量及成本计划与控制；第二，按主保合同约定的计量计价规则及时计价和超比例计价，尽可能实现早计价、多计价。

2.有工程量增减的计价

为克服工程计量中“职责不清、管理脱节和重复劳动”等问题，改由承担“深化设计”一方负责，其他组织和部门或团队配合核查。具体做法包括两方面：一方面要对比“施工图、招标图”工程量形成工程量增减表（RFI）并核定费用增减，尽可能达到“减少单价低的亏损项目、增加单价高的盈利项目”的目的；另一方面应在保证安全质量前提下，通过优化施工图详图设计和施工方案合理合规减少工程量，达到管控好内部成本和分包商成本的目的。

3.通过索赔确保增量计价

依据合同规定：业主变更指令（SOI）导致的工程量增加可提出工期和费用索赔，承包商必须按规定的程序及时间要求提出索赔意向通知和索赔报告。针对变更指令的索赔，不仅包括业主发出的正规变更指令，而且也包括业主口头或暗示的变更指令，针对后者尤其要注意“在规定时间发出正式书面信函”要求“业主予以书面确认”。

（二）对分包商的成本及计价管控

针对分包商的成本及计价管控贯穿于合同“签订、履行”全过程。首先，高质量的合同文本是有效管控分包成本及计价的基础，需要总结新加坡项目经验教训，持续提升合同“策划、拟定、谈判、签认”各环节技能与管理水平。高质量合同文本具有以下特征：合同条款合法、严密、规范，清晰界定工作范围和各方权利义务。针对总分包特点明确总包义务之外的义务全是分包的义务，以防范和避免执行发生歧义甚至导致分包商索赔。其次，既要积极履行合同规定义务，为分包商服务和创造好的工作条件，同时要督促分包落实合同义务，减少因履约不当或违约而造成合同纠纷。再次，当产生争议时应及时协商解决，外部或施工条件变化，可签订补充协议并明确工作变更范围及各自义务，确定变更合同金额。最后，为防范分包商索赔扩大损失，我方作为总包方应按惯例及时规范处理并回复分包商邮件或信函、做好相关现场记录；同时，对分包商原因造成施工详图设计、施工方案和施工计划等方面的缺陷引发的损失，我方应依法依规通过正式信函向分包商提出索赔。

四、系统综合施策以有效管控项目成本，向管理要效益

系统综合施策以有效管控项目成本，向管理要效益，主要包括：

（一）全方位做好成本预算核算

开工前对设计图纸工程数量进行核算形成整体预算，做到心中有数；在施工过程中，定期核算成本，对比对上工程量和对下工程量及量差，核查是否对下超计价并分析原因，通过量价对比，测算出项目真实收益率。

在施工阶段核算分包商施工成本，定期核算分包商“人工、物资、机械”消耗量，模拟“由拨代付”方式结合现场统计核算分包商成本，为后续类似项目分包单价提供参照。

（二）优化施工详图设计和技术方案

无论是总承包商还是分包商承担“深化设计”任务，都可以对施工详图设计和技术方案进行优化，从满足自身施工实际出发，减少不必要或安全系数过大的设计，合理降低造价及成本消耗。对分包提供的深化图纸严格把关，通过比对将设计数量减少，合理合规减少成本支出。

（三）管控好分包费用

总结新加坡项目分包管理经验教训，应从以下几方面入手管控好分包商费用：第一，在确定方案之初确定好分包范围及各方权利义务，做好市场价格水平调查以及分包询价工作。第二，签订合同后严格管理，遵照合同条款执行，严格计价流程及过程计价审核；对于完成工作采用三级审核模式把控计量，减少过程当期计量，延迟计价款拨付等方式加强现金使用效率，减少资金使用成本。

（四）加强现场管理和现场物资管控

项目部须加强现场管理，合理组织施工工序，减少现场材料二次转运，减少穿插时间提高作业效率，节约人力消耗。合理安排施工生产机械设备，提高机械设备使用效率，减少设备闲置。根据现场实际制定详细的能耗标准，减少浪费、提高效益。

（五）严控非生产性开支，节约管理费支出

首先，依据总体进度划分项目阶段，严格控制各阶段生产管理人员数量，制定办公、车辆、差旅、临时水电管理办法以严控非生产性费用开支，将项目管理费用控制在合理范围内。

其次，管理人员在项目中前期都是租住组屋，工人集中住劳工营，有住宿费用高、人员上下班不方便等问题。在新加坡分公司领导推动下，桥梁公司项目部从2013年11月开始策划并积极推进在预制场临时用地范围内建两栋能容纳500人的宿舍楼用于管理人员和劳务工人居住。经多方努力，员工宿舍楼于2014年5月初投入使用，解决了管理人员及工人前期在外租房费用高、交通不便利等问题，为中铁十一局新加坡分公司在本项目期间节省房屋租赁费、交通费等一大笔日常开支。

第六节　财务管理经验总结
Section 6　Financial Management

企业财务管理是企业管理的基础，是企业内部管理的中枢，加强财务管理能够促进企业节约挖潜、控制费用、降低消耗;通过资金的筹集调度，合力运用资金，提高资金的使用效果，防止资金的浪费。

一、项目部财务部成本费用管理经验及启示

（一）做好项目策划和岗位需求

项目部要做好人工成本预算，管理人员的人工成本属于项目管理费中变动成本，必须严格控制员工数量。在考虑本地招聘和国内派遣人员时，要对关键岗位做提前规划。在比较两者成本时，要结合本地配额，充分考虑内派人员学历、获取准证的成本等因素的影响。内派人员成本较本地人员而言，主要在于公司需要额外负担住宿费、探亲差旅费等，另外，因工作准证对学历有要求，学历越高，经验越丰富，则申请准证的成本就越低。

（二）防范租赁合同风险

项目不可避免存在车辆、办公设备、房屋等必要的租赁费用，在签订合约时，应尽可能筹划好租赁期限。新加坡讲究严格按合同办事，提前中断合约的成本较高。

二、项目部财务部资金管理经验及启示

（一）在付款中树立信誉

通过项目积累我们越来越了解新加坡市场，合同谈判能力增强，也善于甄别选用更加有实力、信誉更好的分包商；另一方面，通过几年的相互了解，我方自身实力和信誉逐步让市场所接受，逐渐增加与分包商的互信，对方给予的信用期也更长，延期付款面临诉讼的风险更小。

（二）增设境外机构的试点

后续可以选用一家实力较强的参建子公司作为试点，在新加坡本地成立分公司或子公司。以独立主体在集团公司所成立的项目部下做分包，当然在分包价格方面可给予适当优惠，其他则按照本地市场化运作。一方面，这样可提高其在本地市场的竞争力，逐步申请某些资质；另一方面，也可使该参建子公司真正在法律意义上完全纳入国内参建公司的管理，可以直接发生业务往来，以促进和提升参建子公司的国际化水平。

三、项目部财务部融资管理经验及启示

（一）提前筹划

项目上场初期即根据项目情况实行整体策划，对项目整体可融资额度、项目运行过程中的资金缺口及实际融资需求做出预测，提前准备相关资料。贷款越早，银行要求的资料越少，提供资料的风险性就越小，也越容易获得贷款。

（二）内外结合

内保外贷办理周期较短，期限较长，手续相对简单，但资金成本较本地银行贷款要高出约1%，容易造成资金闲置。本地银行贷款办理周期长，手续烦琐，但利率较低，可随借随还，资金利用率高，能最大限度提高资金使用效率，可用作对平时项目流动资金不足的补充。对于暂时性的项目缺口，在银行授权的额度内，可随时从银行调取资金，避免跨境调度资金的麻烦

（三）外贷内用

对于超出项目实际需求的融资，可将短时间无需使用的闲置资金汇回到国内使用，或兑换成人民币并远期锁汇，或者转入人民币境外资金池，额度可供国内使用，以赚取利差。同时集团公司可实行一些奖励措施，以激励境外项目调度资金的主观能动性。

（四）多做尝试

在条件成熟情况下成立子公司，利用不同途径和不同主体贷款，多渠道解决项目融资需求。在风险可控前提下，对于闲置资金也可通过跨境人民币资金池为国内使用，另外也便于熟悉整个业务流程，为以后与银行谈判过程中争取更优惠更有利的价格。

四、项目其他经验及启示

（一）转变思想认识，适应海外市场要求

由于新加坡项目与国内企业所处会计环境有很大差异，尤其是与中国会计准则存在不少制度性差异和技术性差异，在项目成立初期，就要对机构设置、人员配置、财务职责和权限、工作制度和程序、人才培养等工作进行全面统筹安排，明确职责，缩短海外项目管理机制模糊不清的过渡期，健全财务管理模式。

（二）加强海外项目内控管理

一是与各部门对应沟通协调，公司业务往来报账制单工作由各部门直接制单，交于财务审核。二是建立多级审核制度，由各相关部门进行二次复核和询问。三是严格个人报销业务，由财务部直接制单，对不符合规定的支出不予报销。四是尽量少用现金及备用金，无论个人报销还是公司业务一般均用支票支付。

（三）财务集中管理，实行全面预算控制

从发展趋势看，对海外项目除进行战略控制和经营控制外，也应重视财务控制、做好财务集中管理，其中尤其要做好资金的集中管理。首先，要建立强有力的财务集中控制系统，借助集团企业内部系统，实行合理有效的权限控制制度。其次，通过内部财务制度的规范与所在国具体会计制度相结合，使用统一的会计软件，实现集中核算，借鉴先进管理经验对账务进行集约化处理。第三，强化海外项目预算管理，将海外人员绩效管理与项目预算管理紧密结合，确保预算得到真正落实。通过对预算调整的审批，国内企业能及时掌握海外项目各种动态，对发生的财务状况及时作出反应。最后，还应当强化资金管理作用，借助国内先进的管理系统，采用统收统支或资金池等方式加以落实。

（四）加强海外项目财务人员培训

海外项目财务人员工作量大、任务艰巨，对财务人员综合能力、业务水平、沟通协调、语言交流等要求非常高，而公司内满足要求的人员很少，因此，要未雨绸缪，提前对公司财务人员进行培训，快速提高其业务水平。

第七节　物资设备管理经验总结

Section 7　Material and Equipment Management

工程项目建设过程中需要消耗大量的物资，同时还需要大量的设备配合，因而物资设备管理水平直接影响到整个工程项目管理水平，并对工程项目建设质量、进度以及安全等众多方面产生影响，尤其是对一些大型工程项目来说，物资设备管理至关重要。

一、物资管理经验总结

1.工程开工前经营部门和工程部门要及时向物设部门提供工程所需材料统计，项目前期的策划书中要明确体现项目计划租赁机械数量，物设部应该根据以上数据编制物资年度采购计划、季度采购计划、月度采购计划以及机械设备租赁或采购计划，在实施采购过程中再根据现场实际变化予以调整，工程中期变更，相关部门要与物设部门及时沟通，避免出现部分材料超量采购的情况。

2.须加强物资到货数据管理，健全到货记录，做好“收、发、存”平衡记录表，包括到货日期、材料来源、名称、规格型号、数量、单价在内的物资到货状态信息等。加强到货物资信息的收集与整理，是项目物资管理最根本的任务，每一批物资，小到一颗螺丝，我们都必须做到“收=发+存”，必须做到有章可循，账目上要显示从哪里购入，又用到哪里去了，然后通过施工分包合同做相关的领料或调拨处理。

3.应充分调查了解新加坡本地物资设备市场情况，对比国内情况进行分析，选择最优采购（或租赁）方案，以降低物资设备采购成本。

4.根据新加坡本地情况，对物资采购、保管、消耗使用、废旧处理等环节灵活掌控，既要遵循公司物资管理规定，又要符合新加坡本地行情。

5.物资供应商选择方面一定要选择实力强、售后服务好的供应商，数量最少要三家。

6.项目部应组织员工进一步学习物资相关工程英语、新加坡本地工程相关法律法规、进出口报关清关等，提高工作能力。

二、设备管理经验总结

（一）重视设备前期调查

前期调查一定要仔细，设备怎么使用、分包商如何分包，是租还是买设备，设备如何发展及设备使用后如何处理；设备型号如何选择、代理商如何选择、后期维保工作如何做、配件供应渠道如何打通、操作手队伍如何构成，以及当地政府相关政策如何，等等，这些都必须要在项目上场前搞清楚。

前期设备计划中的一些隐性成本，比如说设备租赁费中的加班费，人员工资中的培训费，工资随市场波动的影响，管理费中设备故障窝工费用、事故处置费用以及设备检测费用等，都需要考虑。

（二）购买设备供应商选择

选购设备尽量选择技术成熟的品牌。选择合格的设备代理商、维修服务团队的考量要放在主要位置。配件供应也是考察选择代理商的一个重要因素，应考虑在当地设立自己的小型配件仓库，有计划地储备一些当地采购不到的配件，以减少设备停机损失。要重视海外项目售后服务协议的签订，尽量谈判延长售后服务期，配件供应等事项。

（三）操作人员管理

海外项目设备操作人员一般是公司员工和外籍劳工相结合，要做到平等竞争，尽可能做到同工同酬。多储备当地操作人员资源，培养和提高操作人员解决故障的能力和维修技能，应作为海外施工招聘操作人员的一个要求。应鼓励员工积极参加培训，对所取得的证书制定补助标准。应制定相应员工培训办法，订立并实施培训订立奖惩机制。

（四）设备运行管理

租赁设备供应商选择不仅要注重价格，更要注重售后服务质量，账款拖欠时限等。供应商不能独找一家，应找实力相当的供应商同时进场，并保留一些私人供应商，以备应急使用。

（五）施工设备选择

按照新加坡项目施工模式和分包情况，租赁设备费用占比例较多，约占总机械使用费的 70%左右，而外租设备费用85%为汽车式起重机和挖掘机费用。劳务分包使用机械设备费用约占混凝土工程总产值（不含桩基，钢板桩和土方处理产值）的15%～24%左右。

综合以上数据分析，针对城市轨道交通桥梁项目，可增加自购吊车和挖掘机的数量，同时像发电机和空压机等通用设备也可适当采用自购。特别是随车吊，在城市施工相当方便高效，可增加自购数量。

三、其他相关总结

（一）提高设备物资科学合理配置

加强海外市场相关调查前期工作，尤其是对项目现场条件进行实地勘察，同时要考察当地港口及道路运输条件、重大施工设备工作效率、市场价格和物资资源、法律法规、风俗习惯与交易惯例等影响因素，整合国内外市场资源，科学系统制定采购计划，以国内采购为主，国际市场为辅。此外，在对设备物资进行配置过程中，须综合考虑工程项目具体工作性质、工作量以及现场施工条件，合理选择配备工程项目所需设备物资，综合考虑设备属性，包括品牌、型号、性能和可适用工作条件等，避免项目施工过程中因物资数量不充足、设备选择不合理、结构配置不科学等问题造成施工障碍。同时，应选择工程项目现场工作人员能够熟练掌握、操作维修便捷、成本价格合理的设备，拒绝盲目追求智能、高端或低成本的设备，以免形成隐形浪费。

（二）加强海外工程项目设备物资采购管理

应增强海外工程项目设备物资采购计划准确性和预见性。物资设备供应与海外工程项目进度直接相关，物资采购计划的编制至关重要，所以专业技术人员要严格按照图纸核对材料数量，确保设备物资供应及时，避免设备物资积压甚至浪费。物资采购人员在编制采购计划时需仔细谨慎，结合工程项目进度、库存、海外施工风险因素综合考量。应预先了解项目所在国港口清关及时性等相关情况，避免现场施工因急需材料滞留港口而陷入被动局面。此外，海外工程项目施工所涉及的消耗品、急需物资、当地优势材料实行当地比价采购，即同种物资比质量、同种质量比价格、同种价格比服务。对于现场自供设备物资应及时完成验收、开箱、结算等各项工作，促成材料进度良性循环，便于资金周转。

（三）保障海外工程项目设备物资运输监控连续性

海外工程项目物资运输一般按厂商到国内港口，国内港口到项目所在国港口，项目所在国港口到施工现场三个阶段进行。应对运输过程形成全程持续性监督、明确责任，避免因他人责任导致施工成本增加。发货前设备物资采购方核对相关设备物资的数量、规格、型号、包装等，进行货物验收；抵达国内港口后，物资采购方对货物拍照留档进行二次验收；抵达项目所在国港口后，当地管理人员完成清关工作，并做好货证不符、箱件破损、丢失等相关记录；到达施工现场后，业主、现场物资人员、厂家代表三方同时进行开箱检验并做好细节记录，最后签字。

（四）加强海外施工现场设备物资管理

应采取以下措施加强海外施工现场的设备物资管理。

1.改变“重施工、轻管理”的理念，增强重视设备物资管理意识

设备物资管理人员应在工程项目启动后第一时间到达现场，了解项目现场环境及仓库设施条件，根据设备物资数量、性能、类别等合理进行规划，提高设备物资库存储备能力，全面做好到货前准备。

2.加强各专业部门间协作配合

设备物资管理人员应及时搜集各类信息，包括设备订货清单，设备交货进度计划表，施工组织总设计，箱件清单、装箱清单、设备清册、材料清单、设计图纸编号说明等，以便各部门信息交流，增强计划的准确度，避免物资漏供、多供。

3.提升设备物资管理人员专业素质

海外工程项目物资管理涉及领域广泛，管理人员应具备丰富的建筑工程物资管理经验，语言能力强，了解国际贸易、法律法规等基本常识，科学应对海外项目工程现场物资管理过程中出现的各类问题。

4.规范现场物资开箱清点工作流程

开箱验收过程中出现的问题既关系到工作流程的规范性，还与设备物资缺件、丢失等问题密切相关，对生产成本与项目进度造成直接影响。

5.设备物资配件管理与保养记录

应选派实践经验丰富的机械维修工程师负责项目设备物资管理工作，培养当地员工其对机械设备操作、维修保养工作的积极主动性，提高海外项目设备物资管理水平。建立物资设备信息档案，记录设备工作期间的保养与维修信息，不断优化设备维修保养方案，确保设备性能达到理想状态。此外，维修管理设备及配件过程中，应建立专门数据库，方便掌握设备配件库存信息，系统分析各配件的使用频率、使用寿命、适用范围等，量化各类物资、设备的追加库存数量与周期，以便根据设备物资的现场使用情况做灵活的调节与补充。

第四篇

合作与共赢

本篇主要从新加坡市场环境和基建情况、市场优势、所面临的机遇与挑战展开介绍和分析，展望未来，利用中国与新加坡之间的合作契机，充分发挥国家“走出去”战略，进一步加强与新加坡政府在基础建设领域的合作与交流。

This part has mainly introduced and analyzed the Singapore's market environment and infrastructure situation, market advantages, opportunities and challenges. Looking forward to the future, we can take advantage of the cooperation opportunity between China and Singapore and give full play to the national "going out" strategy, and have further strengthens cooperation and exchanges with the Singapore government in the field of infrastructure construction.

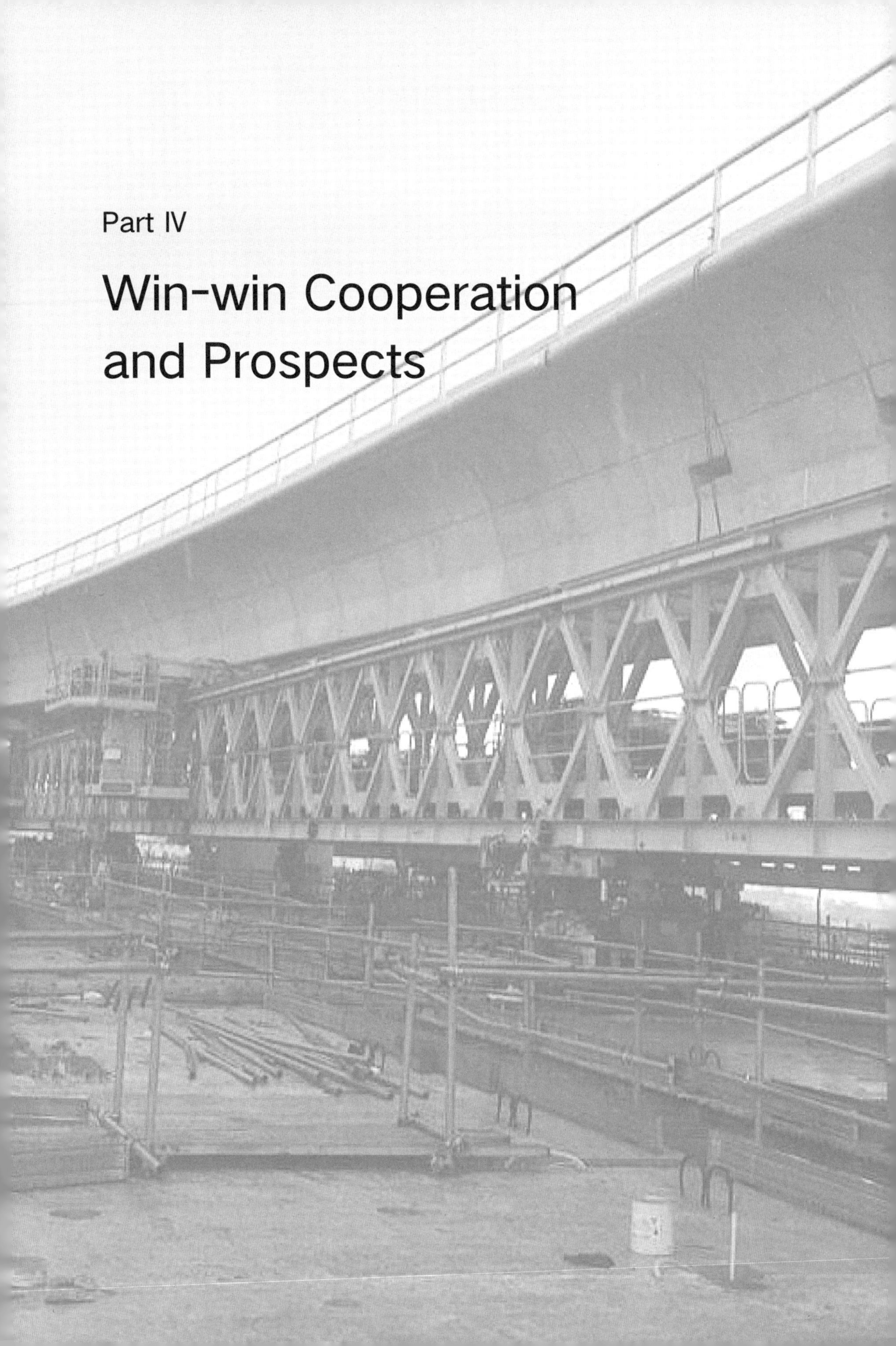

Part IV

Win-win Cooperation and Prospects

第十章　新加坡市场环境和基建情况
Chapter 10　The Market Environment and Infrastructure Situation

第一节　主要市场环境介绍
Section 1　Introduction to the Main Market Environment

一、政治环境

新加坡实行议会共和制，目前登记政党共有30多个，主要政党是人民行动党和工人党。人民行动党是新加坡的执政党，1954年11月由李光耀等人发起成立，从1959年至今一直保持执政党地位。工人党于1957年11月创立，近年来影响有所扩大。

新加坡是不结盟运动的成员国，奉行和平、中立和不结盟的外交政策，主张在独立自主、平等互利和互不干涉内政的基础上，同所有不同社会制度的国家发展友好合作关系，但却将自己看作是美国在东南亚地区的主要盟友。

二、法律环境

新加坡现行法律体系以英国普通法为基础，其主要法律渊源包括成文法、判例法和习惯法。

新加坡作为普通法国家，其主要的法律领域，尤其是合同法、信托法、物权法与侵权法等法律领域的某些方面法律规定已在一定程度上进行了法规化，但仍极大地保持着法官创制法的传统。一方面法官通过自书判决解释新加坡成文立法，发展普通法、衡平法的法律原则规则，并成为具有法律强制力的判例法。另一方面，在如刑法、公司法及家庭法等法律领域，已经基本完全成文法化。

新加坡的成文法分为议会制定法及附属立法。新加坡的立法机关为总统和国会。宪法是新加坡的最高立法，宪法生效实施后，任何与宪法存在不一致的制定法均无效。新加坡现行的部分制定法没有基于英国制定法订立，而是基于其他司法管辖区成文法而立法。但是，包括英国议会、印度议会总督、英国海峡殖民地立法会在内的其他新加坡历史上的立法主体所制定的法律，除特别废除的以外，仍然现行有效。新加坡的附属立法，又称“授权立法”或“下位法”，由新加坡行政机构或立法委员会根据法律授权制定。

新加坡的判例法方面，除了作为法律渊源的新加坡判例，新加坡法官仍继续援引英国判例法，尤其当所审判案件争点落脚于传统的普通法领域或有关以英国法为基础制定的新加坡成文法及适用于新加坡的英国成文法。近年来，新加坡法院也多有援引英联邦其他重要司法管辖区（如澳大利亚与加拿大）的判例。

就新加坡的习惯法而言，习惯需经新加坡的案件判例认定而上升为习惯法。虽然新加坡规定具有确定性、合理性的法律习惯或贸易惯例可被判例承认而成为习惯法，但由于对习惯性司法认定情形并非大量存在，导致新加坡的习惯法目前仍仅是其次要的法律渊源类型。

三、自然环境

新加坡地势起伏和缓，地处热带，常年受赤道低压带控制，为赤道多雨气候，气温年温差和日温差小。平均温度在23～34℃之间，年均降雨量在2400mm左右。11月至次年1至3月左右为雨季，受较潮湿的东北季候风影响天气不稳定，通常在下午会有雷阵雨，6月到9月则吹西南风最为干燥。

第二节　基建市场基本情况
Section 2　Basic Information on the Infrastructure Market

一、交通概况

新加坡交通发达，设施便利，是世界重要的转口港及联系亚、欧、非、大洋洲的航空中心。以下是新加坡国内交通概况。

铁路：以地铁为主，另建有轻轨铁路与地铁相连。

公路：总长约3300km，全岛公路网四通八达。

水运：是世界最大燃油供应港口，有200多条航线连接世界600多个港口。

空运：新加坡樟宜机场连续多年被评为世界最佳机场，目前已开通至60多个国家约200个城市的航线。

2011年7月，马来西亚铁路新加坡段停运，结束了新加坡有铁路的历史。

二、近年规划

新加坡每年基建项目国家预算230亿～330亿新币，主要包括房建、地铁、公路、港口、机场等项目。

2017年12月20日，新加坡政府与马来西亚政府发布联合招标声明，为新马高铁项目寻求轨道资产项目的资产公司。同月底，新加坡陆交局高铁公司发布招标声明，寻求马新高铁新加坡段7个土建合同包的承包商。2018年5月马来西亚大选后，马来西亚新政府以项目成本大于政府承受能力为由，推迟了该项目的推进计划。

近年，新加坡建筑市场开发的大型公投项目包括南北通道项目、马新高铁项目、裕廊地区铁路线项目、新加坡至柔佛铁路项目、贯岛地铁线、樟宜机场第五航站楼及附属设施、PUB污水管升级改造工程等。

三、新加坡税收规定

新加坡现行主要税种有：企业所得税、个人所得税、消费税、房地产税、印花税等。此外，还有引进外国劳工的劳工税（人头税）。主要税费和税率如下。

企业所得税：税率为17%。个人所得税：税率为0%～20%。消费税：税率为7%。房地产税：0%～16%。

四、劳动就业的有关规定

新加坡主要通过《移民法案》《雇佣法案》《外国人力雇佣法案》《职业安全与健康法案》《工商赔偿法案》《雇佣代理法案》等法律规范其劳动力市场中所涉及的工作准证、劳动关系、外国工人管理、工伤赔偿及职业安全与健康等方面问题。

工作时间：工人正常的工作时间每天不超过8个小时，每周工作5天半。超出正常工作以外的工作，雇主应支付工人至少正常工资的1.5倍。

第十一章　新加坡市场的优势
Chapter 11　Advantages of the Singapore Market

新加坡自其独立以来，从来没有像今天般，对其未来有一个如此有利的定位。新加坡位于在东南亚核心战略地点。随着东盟经济共同体于今年年底正式成立，新加坡作为世界级物流中心、环球金融中心以及环球企业成立亚洲总部的理想地点，必然会出现另一番新景象。

第一节　优越的地理位置
Section 1　Superior Geographical Location

新加坡坐落在主要航运路线的交叉点，是全球贸易的主要物流枢纽和管道。在世界银行发布的《2014年物流绩效指数》报告中，新加坡被评为亚洲最佳物流中心。新加坡是大型物流企业的理想经营地点，全球排名前25位的物流企业，其中有20家都在新加坡设有业务。

新加坡有200条海运航线，与123个国家的600个港口衔接，每天均有远洋轮船启航往全球每一个主要停泊港。新加坡制定了简化的安全规章与操作规程，协助企业采纳各个国际海关安全项目。同时拥有高效的海关与利便营商的进出口程序，有效提升了企业在取得货物清关及许可证方面的效率。

第二节　金融中心
Section 2　Financial Center

新加坡也是亚洲首屈一指的金融中心，有超过1000家金融机构在当地经营，并充分利用当地稳定的社会政治环境及强劲的经济基本因素。新加坡的银行及金融部门共雇用19万人，占其国内生产总值（GDP）的12%。

新加坡国际金融交易所（SIMEX）是亚洲区首个金融期货交易所，也是该国的首要财富管理中心。2013年，SIMEX共管理超过1.8万亿美元的资产，成为全球增长速度最快的财富管理中心。

此外，新加坡建立了一个卓越的国际协定网络，进一步增强其在投资控股方面的吸引力，并使它成为亚洲贸易及投资的理想地方。

新加坡和其他国家共签订了74项《避免双重征税协定》（DTAs），避免其他国家的居民须就其在某一国所赚取的收入被双重征税。新加坡所签订的41项《投资担保协定》（IGAs）旨在促进该国与其他国家之间的更大投资流动，而其21项《自由贸易协定》（FTAs）和《经济伙伴关系协定》（EPAs），是该国与主要经济体及新兴市场连接的超级高速公路。

新加坡强调依循创新价值链来发展业务，这与依据经合组织的“税基侵蚀和利润转移”（BEPS）项目而确立的新原则一致。新加坡根据BEPS制定的新国际税务框架，对于需要检视其知识产权战略的跨国公司来说确是最为合适。此外，新加坡的企业也受惠于该国为损失转移而设立的集团救助制度。该计划允许在本年度未使用的损失、捐赠和未吸纳的资本免税额，可在集团的企业内转移。

新加坡过去五十年的不平凡经历，见证了它如何从一个英国殖民前哨，发展成为当今的世界级经济强国。

在今天，新加坡依然是全球最具竞争力的经济体之一。2014年，进入新加坡的外来直接投资金额达810亿美元（比2013年增长了27%），成为全球第四大吸引外来投资的国家（仅次于中国、香港及美国）。它健全的法律架构、高效的司法制度，以及积极创新的政策，将会继续让它在外国直接投资（FDI）方面享有向来所得的优势。

第三节　稳定的法律环境

Section 3　Stable Legal Environment

新加坡拥有全球最完善的争议解决中心，企业可以借助它优秀（和廉洁）的司法服务所提供的保护而得益。新加坡国际商业法庭（SICC）拥有许多来自不同国家，专门审理国际商业纠纷（意指受外国法律所管辖，但获当事人同意在新加坡国际商业法庭提起相关诉讼的案件）的法学专家。新加坡国际商业法庭甚至允许外国律师在该庭的审判和上诉程序中代表其当事人。此外，新加坡也是其中一个全球领先的国际仲裁中心，与伦敦、苏黎世等传统国际仲裁中心齐名。

新加坡的仲裁法以为仲裁当事人提供便利为宗旨，其司法部门也是以鼓励仲裁及为仲裁裁决的执行提供支持见称。新加坡国际仲裁中心（SIAC）是全球其中一个最主要及在亚洲排名居首的仲裁机构。由于新加坡是承认与执行外国仲裁裁决的《1958年纽约公约》之缔约国，因此它所作出的仲裁裁决，可以在全球150多个国家中执行。新加坡的仲裁程序，对外国律师或外国律师事务所代表其当事人，并无施加任何限制。新加坡国际调解中心（SIMC）针对跨境商业纠纷的当事人（尤其是亚洲区的当事人）之需要，提供同类最佳的调解服务与成果。新加坡的麦士威议事厅（Maxwell Chambers）坐落于当地的商业中心区，是全球服务水平最高，也是全球首个综合性的争议解决场地，当中拥有最优良的聆讯设施和素质最高的替代性争议解决（ADR）国际机构。

第四节　一个知识产权获得充分保护的地方
Section 4　A Place Where Intellectual Property is Adequately Protected

新加坡拥有一个能提供可靠保护的法律架构，以及各个广泛的税收协议、自由贸易与投资保障协议网络，而该国亦正锐意将其自身打造成为一个全球性的知识产权枢纽。目前，新加坡为保护知识产权而建立的法律框架，已经获得国际上的充分认可。许多在各个不同领域经营的企业，都已经将其与知识产权相关的研发部门设于新加坡。在《2013－2014全球竞争力报告》中，“世界经济论坛”将新加坡评为亚洲区拥有最佳知识产权保护制度的地方。

新加坡的许多税收协议，将特许权使用费之预扣税税率定为0%或5%。在并无订立税收协议的情况下（例如与美国），对于该些因知识产权收入而须缴纳的外国税项，新加坡为其提供单方面的税收抵免。根据“发展与扩展奖励方案”所提供的税务优惠，知识产权收入可享有为期5年或以上的税率递减。

对于符合条件的知识产权收入，企业可以通过特许权使用费或许可收入的形式来加以收取，又或是可将其作为来自一名新加坡经营者所经营的一系列更广泛业务所获得的收入。在知识产权注册方面，新加坡为企业提供丰厚的优惠措施。在收购某些知识产权方面，于一定条件下，企业可以在五个课税年度冲销其收购成本。

第十二章　机遇与挑战
Chapter 12　Opportunities and Challenges

新加坡自20世纪60年代起，先后经历了制造业从劳动力密集型、技术密集型，到资本密集型和科技密集型的转化，积累了自身的制造业优势，打造了部分领域完整的链条式产业集群，在半导体、精密工程等行业有着世界级的竞争力。在20世纪70年代后，新加坡又逐步由制造业单轮驱动向服务业和制造业双支柱经济转型。目前，高附加值制造业，尤其是电子和精密制造业，仍然是新加坡经济增长的主要动力，而非金融服务业、信息和通信业以及金融和保险业近年来也呈现出强劲的增长势头。

中新两国之间的经济联系主要集中在贸易和金融方面。新加坡的制造业和服务业优势，在与中国的贸易合作上已有所体现，新加坡不仅是与中国双边贸易规模最大的东盟国家，也是唯一长期保持对华服务贸易顺差的东盟国家。在商品贸易层面，新加坡在半导体和精密工程等产品方面一直对中国保持了大量的出口，而从中国则主要进口电子电气设备和机械设备；在服务贸易层面，新加坡的运输服务和金融保险服务是中国主要进口的服务项目。2019年生效的《中新自由贸易协定升级议定书》无疑将为在中国与新加坡的贸易往来消除更多的障碍，进一步实现商品和服务贸易自由化。

在投资方面，随着中新合作的不断发展，越来越多的新加坡公司开始涉足中国的服务业。新加坡本土公司在食品、医疗、教育和环境服务方面的雄厚实力匹配了中国居民日益增长的高质量生活需求。同时，新加坡也在中国积极打造自身的域外产业园区，以突破空间限制，促进跨国产业集群的形成。最近的合作项目包括中新（重庆）战略性互联互通示范（CCI）项目，此前则更有著名的中新苏州工业园区项目和中新天津生态城项目。作为一条经由新加坡连接中国和东南亚的新贸易路线，中新（重庆）项目将需要综合物流及多式联运解决方案，这些正是新加坡多年积累的核心产业优势所在。此外，新加坡成熟的金融生态系统由国际化的大型金融机构组成，包括星展银行、华侨银行和大华银行等在内的新加坡金融机构也一直在扩大其在中国的分支网络，以招揽更多需要国际融资能力的中国客户。

新加坡的金融和保险行业则吸收了主要的中国投资，每年约有80%来自中国的FDI流入相关行业，这主要是新加坡在华银行分支机构的积极宣传与拓展而推动的。同时，新加坡的人口老龄化以及对环境和医疗保健行业的日益重视，将为中国投资者提供潜在的机遇。此外，新加坡近年来电子商务的兴起也将为中国投资者提供利用新加坡作为区域枢纽进入东南亚大众市场的机会。

第十三章　合作与展望

Chapter 13　Cooperation and Prospects

新加坡市场普遍认为，RCEP预计将增加缔约国间的整体贸易流动，深化15个成员经济体之间的跨境产业联系，将使新加坡乃至东盟更深入地融入全球供应链，实现非东盟区域的产品中心多样化。此外，在贸易保护主义抬头的形势下，中美贸易流动可能出现长期放缓，这将导致全球商业信心下降，对新加坡等受益于全球化的国家造成严重冲击。RCEP在此背景下，可以带来新的国际经贸合作模式和渠道，为全球化经济注入新的动力，推动及维护多边主义发展。

根据RCEP规则，至少50个细分行业的外资持股限制将在缔约国间开放，其中包括新加坡具有优势的专业服务、电信和金融服务等领域。这将使新加坡企业可以通过更加透明、更加便利的方式进入包括中国在内的更广泛的市场。同时，这也将为中国企业对新加坡的投资提供机会，推动新加坡的经济增长。

RCEP的原产地规则亦将使新加坡受益匪浅。新加坡出口企业将能够享受在RCEP任一缔约国购买原料并在缔约国间出售的优惠关税。此外，RCEP成员国在电子商务、数字服务、知识产权保护、争端解决和其他数字贸易关键领域的承诺，也与新加坡成为全球知识和数字经济中心的长期目标不谋而合。

中国与新加坡建交30多年来，双边经贸投资合作持续深化。主要贸易商品从最初的原材料、劳动密集型产品发展为高附加值产品。贸易促进了两国电子、石化、生物医药等产业融合，在双边和区域产业链中形成了“你中有我，我中有你”的合作格局。自2013年“一带一路”倡议提出以来，截至2021年，中国连续8年成为新加坡最大贸易伙伴，新加坡连续8年成为中国第一大新增投资来源国。截至2020年，中新双向投资累计超过1600亿美元，占中国与东盟双向投资总规模的近三分之二。目前，新加坡已成为中资企业“走出去”，开展贸易投资合作的首选目的地之一。

中新两国在数字经济、绿色经济、第三方市场合作等领域合作潜力巨大。未来，中新两国企业可通过增进相互投资、开拓合作新领域、推动创新创业发展等方式进一步深化双方在数字经济领域的互利合作；中资企业可通过与新加坡企业共同打造能源化工产业集群的方式，在太阳能发电、新能源技术研发、能源数字化等领域展开合作；两国企业可通过优势互补共同开拓东盟其他成员国和其他第三方市场，实现共赢格局。

作为中资建筑企业，我们更要抓住中国企业走出国门的这个伟大契机，借投资催生项目，业务上实现多元拓展、业绩上实现属地化滚动发展。

参考文献
References

[1] 曹家宁. 新加坡[EB/OL]. (2021). https://www.yidaiyilu.gov.cn/gbjg/gbgk/10005.htm.

[2] 穆祥纯. 基于创新理念的城市桥梁及市政建设[M]. 北京：人民交通出版社，2012.

[3] 穆祥纯. 古今中外桥梁[M]. 北京：人民交通出版社，2015.

[4] XU Lin-ji.Experience and policy sharing on vertical greening in Singapore[J]. Housing and Real Estate, 2018(32):25-26.

[5] ZHANG Zhi-jun, YUAN Yuan. Research on Planning Control and Guidance of Green Space Greening in Singapore[J]. Planner, 2013, 29(4): 111-115.

[6] ZHU Bin, HE Zhong-kai. Study and Enlightenment of Green Building in Singapore[J]. Construction Technology, 2017(8): 20-22.

[7] 刘晨宇，罗萌. 新加坡组屋的建设发展及启示[J]. 现代城市研究，2013（10）：55 - 60.

[8] BCA. Building Energy Efficiency R & D Roadmap[EB/OL]. [2019-06-10]. https://www.nccs.gov.sg/docs/default-source/default-document-library/building-energy-efficiency-r-and-droadmap.pdf.

[9] Owen D. Conundrum: How Scientific Innovation, Increased Efficiency, and Good Intentions Can Make Our Energy and Climate Problems Worse[M]. New York: Riverhead Books, 2011:30.

[10] 朱雄. 节段拼装造桥机施工中的张拉卸载分析[J]. 国防交通工程与技术，2015（4）：45 -48.

[11] 冯延明. 上行式桁架型节段拼装移动支架造桥机技术特点及应用[J]. 铁道标准设计，2010（7）：37-40.

[12] 宋飞，代宇，贾力锋. DP500 节段拼装架桥机主梁结构有限元分析[J]. 建筑机械，2016（9）：49-52.

[13] 贾力锋，黄耀怡. DP700型架桥机的应用及改进[J]. 工程机械，2010（7）：63-68.

[14] 陈建国. 澳门C370 轻轨小半径曲线箱梁支架预压拼装施工技术研究[J]. 安阳工学院学报，2017（3）：28-31.

[15] 王增良. 节段拼装架桥机小曲线桥梁架设探讨[J]. 铁道建筑技术，2012（8）：113-115+121.

[16] 车小平. SPZ2700B/64 型节段拼装架桥机主桁架受力分析[J]. 铁道建筑技术，2016（8）：117-120.

[17] 彭启辉. 上行式架桥机节段梁拼装技术在广州轨道交通地铁四号线中的应用[J]. 广东科技，2010，19（8）：142-143.

[18] 余金江. 48m节段预制拼装箱梁架桥机弹性恢复的病害防治[J]. 铁道建筑技术，2017（5）：49-52.

[19] 唐小军. 强风区公铁两用跨海桥双孔连做架桥机节段拼装方案对比及技术研究[J]. 铁道建筑技术，2018（4）：49-52.

[20] 崔洪谱，罗领. 等间距双幅桥采用节拼架桥机同步施工的可行性分析[J]. 建筑机械，2021（3）：46-50.

[21] 许鑫，张小强，吴璞. 基于有限元的节段拼装架桥机主梁结构分析[J]. 机械工程与自动化，2019（4）：55-58.

[22] 吕林，金启钊，李青杠，等. 宽幅节段拼装箱梁双架桥机同步拼装技术研究[J]. 施工技术，2021（23）：32-35.

图书在版编目（CIP）数据

白色长龙中国线：新加坡轨道交通大士西延长线 = The Long Way as Chinese White Dragon：Singapore Mass Rapid Transit (MRT) Tuas West Extention Project / 杨汉国，吴占瑞，唐达昆主编 . —北京：中国建筑工业出版社，2023.2
（“一带一路”上的中国建造丛书）
ISBN 978-7-112-28009-4

Ⅰ.①白… Ⅱ.①杨… ②吴… ③唐… Ⅲ.①城市铁路—轨道交通—对外承包—国际承包工程—工程设计—中国 Ⅳ.①U239.5

中国版本图书馆CIP数据核字（2022）第184782号

丛书策划：咸大庆　高延伟　李　明　李　慧
责任编辑：王　惠　李　慧　陈　桦
责任校对：王　烨

“一带一路”上的中国建造丛书
China-built Projects along the Belt and Road
白色长龙中国线——新加坡轨道交通大士西延长线
The Long Way as Chinese White Dragon:
Singapore Mass Rapid Transit (MRT) Tuas West Extention Project
杨汉国　吴占瑞　唐达昆　主编
*
中国建筑工业出版社出版、发行（北京海淀三里河路9号）
各地新华书店、建筑书店经销
北京海视强森图文设计有限公司制版
临西县阅读时光印刷有限公司印刷
*
开本：787毫米×1092毫米　1/16　印张：13¼　字数：254千字
2024年12月第一版　2024年12月第一次印刷
定价：**79.00**元
ISBN 978-7-112-28009-4
（40022）